いちばんやさしい 60代からの LINE（ライン）

第2版

増田 由紀 著

日経BP

目　次

第1章　LINEをインストールして設定しよう

第2章　友だちにメッセージやスタンプを送ろう

第3章　写真、動画、アルバムを送ろう

第4章　スタンプをもっと楽しんでみよう

第5章　みんなで使えるグループトークを利用しよう

第6章　より使いやすくLINEを設定しよう

第7章 LINE Payを使ってみよう

第8章 いろいろなLINEのサービスを利用しよう

本書の使い方

本書は、シニア世代の方がよく使う機能に絞って、LINE の使い方をしっかり学び、日常的に楽しく利用してもらうための入門書です。全８章で、LINE の基礎から LINE Pay の使い方まで、一通りの楽しみ方をご紹介しています。
本書で学んでいただくと、主に次のようなことができるようになります。

・LINE の登録
・友だちの追加
・メッセージのやり取り
・スタンプのやり取り
・写真や動画の送信
・アルバムの作り方
・グループの作り方
・複数人トークのやり方
・スタンプの購入方法
・スタンプのプレゼント
・LINE Pay のはじめ方
・LINE Keep の使い方

筆者はシニア世代向けのスマートフォン講座を担当する現役講師です。受講者の最高齢は 90 代の方々です。LINE はどの世代にも人気がありますが、スマートフォンをお使いのシニア世代に、特によく使われているアプリです。
家族や友人との交流に欠かせない方法の１つとなっています。
スマートフォンをお使いなら、LINE はぜひとも使いこなしていただきたいアプリです！

著者より

■表記について

●表記について
・ 画面上にその文字が使われている場合には、［ ］で囲んで示します。
例：［設定］をタップします
・ キーボードで入力する文字は、「 」で囲んで示します。

● 画面について
・ 操作の対象となる個所などは、赤い枠で囲んでいます。
・ 手順によっては、ボタンを判別しやすいように拡大しています。

■実施環境について

●本書の執筆環境は、下記を前提としています。

・iPhone 11 256GB、iPhone 11 Pro Max 512GB（iOS 13.4）
・LINE のバージョン 10.3.0

・AQUOS Sense 3 （Android 9）
・LINE のバージョン 10.4.2

※LINE のバージョン、スマートフォンの機種や OS のバージョンによって、画面の表示および操作の方法などが本書と異なる場合があります。
また、本書に掲載されている画面および操作手順、それぞれのストアやショップの内容などは、本書の編集時点（2020 年 2 月）で確認済みのものです。

第1章

LINEを インストールして 設定しよう

レッスン 1　スマートフォンの種類について

スマートフォンにはたくさんの種類があります。同じ携帯電話ですが、種類が違えばできることややり方も少しずつ異なります。
また、ボタンの位置やメニューの名称、操作手順が異なる場合があります。
まず、使っているスマートフォンの見分け方についてご紹介します。

1　使っているスマートフォンの見分け方

スマートフォンは小さなパソコンです。その中には**基本プログラム**が入っています。
iPhone の基本プログラムは Apple 社が開発した **iOS（アイオーエス）**、Android の基本プログラムは Google 社が開発した **Android（アンドロイド）**といいます。
本書ではスマートフォンの画面を掲載していますが、お使いのスマートフォン本体の背面（裏側）にリンゴのマークがついていたらそれは **iPhone（アイフォーン）**、リンゴのマークがついていなければ、**Android（アンドロイド）**という種類になります。主なスマートフォンは大きく分けてこの 2 種類です。
iPhone を作っている会社は世界で 1 社、Apple 社だけです。
一方、Android は世界各国の会社で異なる機種を作っているので、まとめて Android といいます。まずはご自分のスマートフォンを確認してみてください。

▼基本プログラムと機種名、携帯電話会社の一覧表

基本プログラム（OS）	OS の開発会社	電話の機種名	携帯電話会社（キャリア）
iOS（アイオーエス）	Apple 社	iPhone　のみ 本体の背面にこのリンゴのマークがついていたら iPhone	ドコモ ソフトバンク au　など
Android（アンドロイド）	Google 社	AQUOS（アクオス） Xperia（エクスペリア） ARROWS（アローズ） Google Pixel（グーグル ピクセル） Galaxy（ギャラクシー） らくらくフォン　など いろいろ	ドコモ ソフトバンク au　など

本書では、Apple 社の iPhone 11（アイフォンイレブン）と、Android はシャープ社の AQUOS sense3（アクオス センススリー）を使っています。
操作手順については基本的に iPhone の画面を使って記載しますが、Android のメニュー名や操作が異なる場合には（**Android** は……）と区別して表記します。

2 スマートフォンの操作について

スマートフォンは指でタッチして操作します。力を入れず、軽くタッチするのがポイントです。
1 回軽くポンと触ることを**タップ**といいます。
長めに押していたり、強く押したりすると別の操作になることがあります。
また押したまま動かしたり、弾みがついて 2 回押したりすると、別の操作になることがあります。

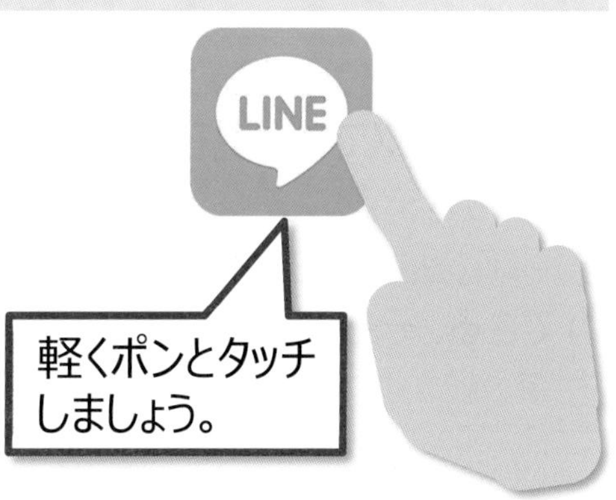

■元に戻る操作

軽く触れるだけなので、もしかすると別のメニューを触ってしまって、画面が変わってしまい、本書の通りにならないことがあるかもしれません。
その時は「前の画面に戻る」操作を覚えておきましょう。画面左上や左下の［＜］をタップすると、前の画面に戻ることができ、続きから操作を始められます。
また、画面上の両端のどちらかに［×］が表示されている場合、タップすると、その画面が閉じて前の画面に戻ることができます。

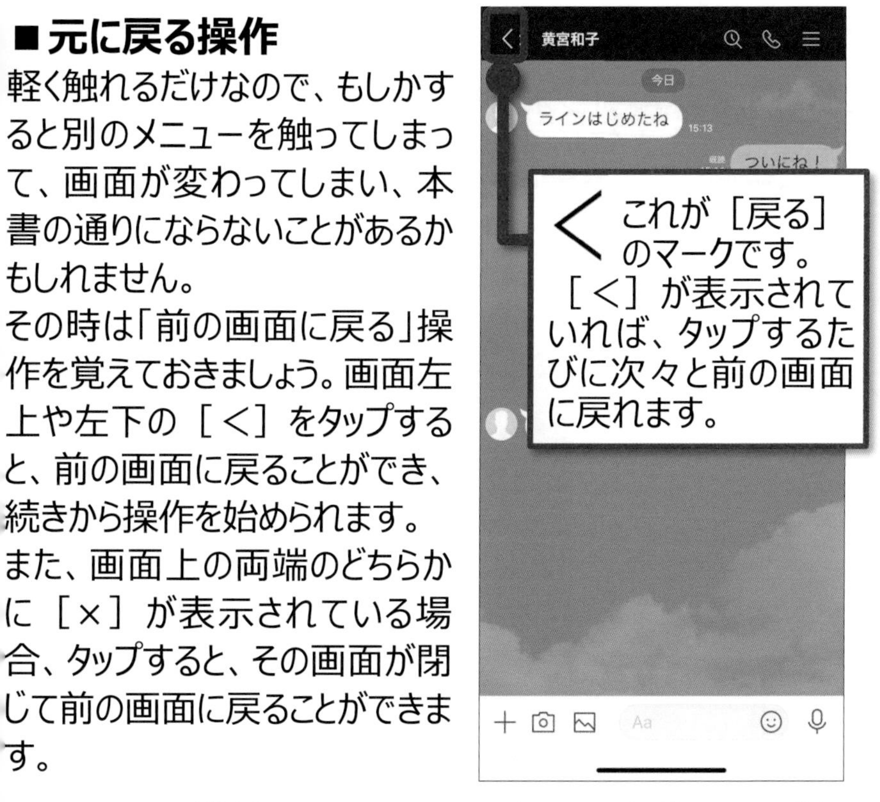

Android は機種によっては、スマートフォン本体に戻るボタンがあったり、スマートフォンの画面下部に表示されるものがあります。
［戻る］のマークも、 や や などのデザインがあります。ほとんどが左方向を指し示したデザインとなっています。

■オンとオフの操作

メニューのオンとオフは、ボタンを切り替えたり、チェックを表示したりして操作します。スマートフォンの機種によってデザインは異なりますが、色がついている時がオン、色がついていない時がオフの状態を示します。

▼iPhone の場合

［オン］　［オフ］

▼Android の場合（一例）

［オン］　［オフ］

レッスン 2　LINE ってどんなもの？

LINE（ライン） は、メッセージや写真、スタンプなどが気軽にやり取りできるスマートフォン用のサービスです。現在は、どの携帯電話会社のどのようなスマートフォンでも LINE を使うことができます。
携帯電話番号さえあれば LINE を始められる、世界中のどこにいても LINE でつながることができる、そんな時代です。スマートフォンを使っている人の連絡手段として、真っ先に名前が挙がるのが LINE といってもよいでしょう。

1　写真やギフトなど何でも送れる

筆者は IT 初心者、とりわけシニア世代向けにスマートフォンや iPad、パソコンの講座をすることが多いのですが、今も昔も LINE の講座はとても人気があります。
ある時、受講生の方が **「先生、LINE って何でも送れるんですね、本当に便利！」** とおっしゃったその一言がとても印象的でした。LINE では次のようなものが送れます。

- 文章（メッセージ）
- 絵文字やイラスト（スタンプ）
- 写真や動画
- 録音した声（ボイスメッセージ）
- 音楽付きのスライドショー
- 自分の現在地（位置情報）
- コーヒーなどのプレゼント（ギフト）
- お金（個人間送金）

▼文字やスタンプ

▼写真や動画

▼声や位置情報

▼お金

LINEは**楽しいスタンプ**が特徴です。LINE ではスタンプをやり取りするだけで意味が通じるくらい、たくさんの種類の表現力の豊かなスタンプが用意されています。
スタンプを使うことで、文字だけではストレート過ぎる表現を和らげたり、伝わりにくいニュアンスを的確に言い表したりすることができるのです。
次々と増えるスタンプも今や 300 万種類以上になり、その多さは、アニメや漫画文化が発達した日本ならではなのかもしれません。

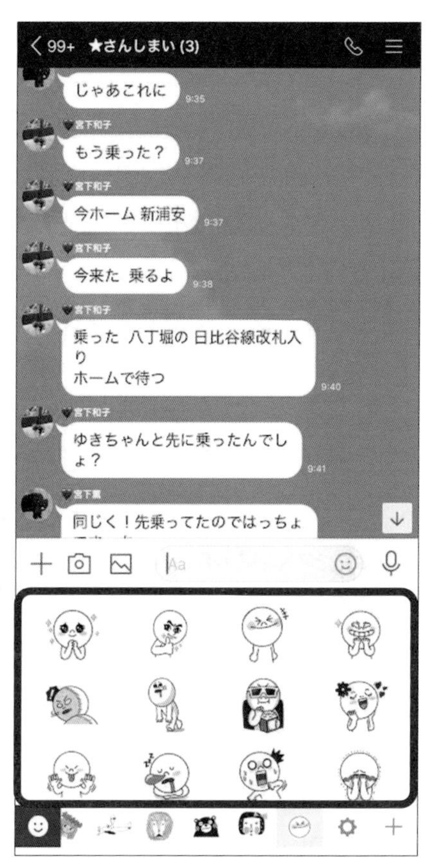

2 返事が早くて相手の反応がわかる

LINE 講座の時、また別の受講生の方が、**「先生、LINEって本当に早いですね！もう返事が来た。」**とびっくりしていました。講座の最中で LINE を開設してほどなく、「お母さん LINE 始めたんだ。ちゃんと覚えてきてね。」と、お子さんから返事が届いたのです。
その方は「メールだと見てくれたのかな、まだなのかなと気になりますが、LINE だとすぐわかる。」とおっしゃいました。
LINE では相手がメッセージを見てくれると**「既読」**と表示されます。これを一度体験すると、今まで定番で使っていたメールでのやり取りが遅く感じられるから不思議です。
自分が送ったメッセージに「既読」が表示されれば、少なくとも届いた、見てくれたということがわかります。

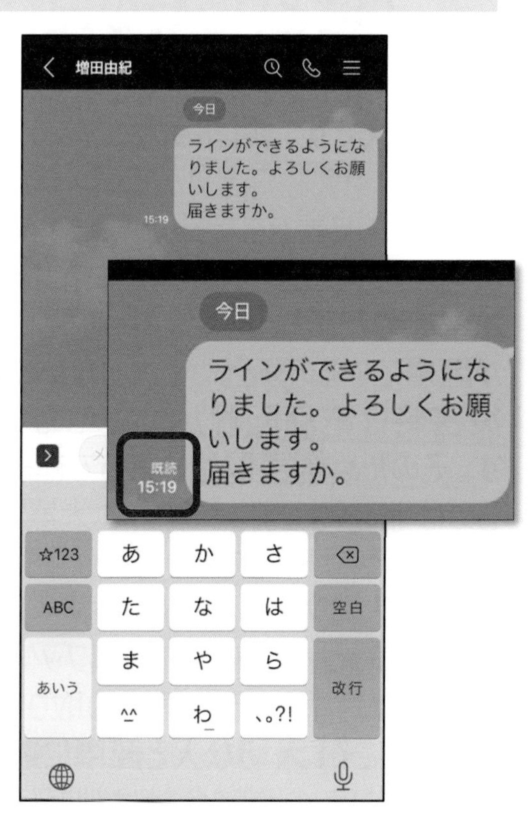

相手もすぐに返事をくれることが多いです。
忙しい現代人には、**「反応がすぐわかる」**というのはありがたいものです。

3　無料で電話ができる

LINE には**無料通話機能**があります。従来の携帯電話のように、相手の電話番号を押して通話するのではなく、友だちを選んで電話マークを押すと簡単に通話ができます。同様に、簡単に**ビデオ通話**もできます。

これは**インターネット電話**というサービスです。インターネットのつながっているところであれば、無料で通話ができるサービスは LINE 以外にもたくさんありますが、メッセージもスタンプも写真も通話もと、これ１つで済むので LINE を使っている人が多いのです。

スマートフォンの普及に伴い、日常的にスマートフォンで写真を撮る人も多くなりました。

家族や友だちに「送りたい」「見せたい」と思ったものは、ほとんど「何でも」送れて、返事も早く、通話も無料でできることが、LINE が今までのメールなどとは一線を画す、コミュニケーションの新たな手段になったのもうなずけます。スマートフォンに買い替えた最大の理由が、「家族と LINE をやるため」という受講生の方も大勢いらっしゃいます。

4　いざという時の連絡手段に使える

世界中にユーザーがいる LINE は、2011 年に起きた東日本大震災のあとに爆発的に普及したサービスです。韓国最大のインターネットサービス会社、ネイバーの日本法人が運営しています。

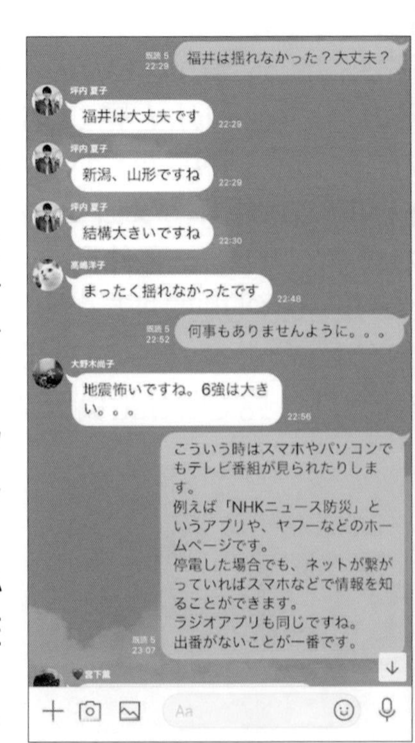

未曽有の被害をもたらした東日本大震災は、2011 年 3 月 11 日に起きました。震災直後は電話がほとんどつながらず、多くの人が家族や友だちと必死になって連絡を取ろうとしました。大切な人が無事でいるのかどうかわからないのは、大変不安なものです。

災害時は電話回線がパンクしないように通信制限が行われます。そのため携帯電話を使って連絡を取り合ったり、安否確認するのは難しくなります。東日本大震災の場合、ドコモ・au・ソフトバンクの通話は最大で 70%から 95%制限されました。

一方、大規模災害時でもメールやブログ、Twitter（ツイッター）、Facebook（フェイスブック）など、インターネットを利用した人々は、情報をいち早くやり取りできました。

こんな時こそ**「大切な人と簡単に連絡が取りあえるサービスが必要」**と LINE の運営会社は判断し、急ピッチで開発された LINE は 2011 年 6 月 23 日にリリースされました。

LINE はインターネットにつながっていれば、いつでもどこでも利用できます。災害時でも大切な人と素早く連絡が取れるだけでなく、相手が返事を書く余裕がない場合でも、「既読」と表示されれば安心できます。

LINE は、**「日頃は家族や友だちと楽しく使いこなす」**はもちろんですが、**「いざという時には互いのホットラインとして活用する」**という使い方もできます。ただ、普段使い慣れているものでないと、災害時に活用するのは難しいものです。どんな道具も使い慣れていないと、いざという時に威力を発揮しません。いざという時のためにも、友だちや家族とのやり取りに利用することが大切です（しかし、いざという時の出番がないことが一番ですね）。

5 限られた人々と楽しめる

スマートフォンで Twitter（ツイッター）・Instagram（インスタグラム）・Facebook（フェイスブック）などの SNS を楽しんでいる人もいるでしょう。こうした SNS は基本的には発言したことが多くの人の目に留まる仕組みです。多くの人に情報発信したい、不特定多数の人とつながりたい、新しい出会いを求めたい時などには向いているサービスです。

一方 LINE は、相手を選んでからメッセージを書いたり写真を送ったりします。基本的に、送った内容は送った相手にしか伝わりません。

誰とやり取りするかは、自分で選ぶことができます。家族や、限られた相手とだけ楽しむことができるので、親しい人と使うのに向いているサービスなのです。

▼Twitter

▼Instagram

▼Facebook

▼LINE

スマートフォンを使う多くの方が、この LINE のサービスを利用しています。
無料で電話も、ビデオ通話もできることから、家族との主なやり取りは LINE を使っていて、電話による通話をすることが少なくなった、という方も多いですよ。

6 LINE でよく使われる言葉

LINE でよく使われるのは、**トーク**、**友だち、既読**、**スタンプ**、**グループトーク**、**無料通話**といった言葉です。

トーク	LINE でメッセージのやり取りをすることを**トーク**といいます。自分の発言は画面の右から、相手の発言は画面の左から吹き出しが表示されて、まるで会話をしているようにやり取りが進みます。 自分と相手が会話をしているこの画面を**トークルーム**といいます。トークルームには、今までのすべてのやり取りが時系列で表示されます。 メールは 1 通ずつ開かなければなりませんが、トークなら 1 つの画面で確認できます。
友だち	LINE の**友だち**は、親しさや会う頻度に関係なく、自分のスマートフォンの連絡先のデータが元になっています。 LINE の初期設定では、自分の連絡先に登録されている人で LINE を利用している人が自動的に「LINE 上の友だち」として追加されます。そのため、本当の友だちではない人も「友だち」として表示されます。 本当につながりたい人とだけ「友だち」になるには、LINE を始める時がとても重要になります（設定は P14 参照）。
既読	LINE は相手がメッセージを目にすると、「**既読**」と表示されるのが特徴です。この「既読」の表示は、メッセージが相手に届いたことがわかるためのものです。 既読が表示されたのに、返事がないからと不安になったり、イライラしたりするのはやめましょう。また、返事を急がせないような配慮も必要です。
スタンプ	表現力豊かなたくさんの**スタンプ**が用意されていて、自分の気持ちを絵で表すことができます。絵文字と違って大き目のイラストです。無料のもの、動くもの、有料のものもたくさん用意されています（無料スタンプの増やし方は P72 参照、有料スタンプの買い方は P76 参照）。
グループトーク	複数の友だちとのやり取りを**グループトーク**といいます。自分が送ったメッセージや写真などは、そのグループにいる友だち全員で見ることができます。誰かが返事をすると、友だち全員がその返事を見られます。複数の友だちにメールを 1 通ずつ送るより、LINE のグループトークを使う方が早くて簡単です（グループトークの方法は P91 参照）。
無料通話	LINE 利用者同士は、インターネットにつながっていれば無料で通話できます。通常の携帯電話と同じようにおしゃべりすることができます（無料通話の方法は P46 参照）。

レッスン 3　LINE のインストールと初期設定

LINE を始めるには、スマートフォンと LINE のアプリ、そしてユーザー登録が必要です。ユーザー登録には携帯の電話番号が必要です。
また、設定の途中で友だち追加に関するメニューが表示されます。ここでは、前述したように自分のスマートフォンの連絡先に登録されている人で LINE を利用している人が自動的に「LINE 上の友だち」として追加されないように、**「友だち自動追加はオフ」**という方法で LINE を設定していきます。
なお、友だち自動追加はあとからオフにしても、すでに自動で追加されてしまった友だちを削除することはできないので、初期設定が重要になります（P14 参照）。

1 アプリのインストールとは

ホーム画面（スマートフォンを使う時の最初の画面）に並ぶ小さい絵柄１つ１つを**アプリ**といいます。LINE のアプリは無料で追加できます。
スマートフォンにはホーム画面にアプリ専門店があります。iPhone の場合は **App Store（アップストア）**、Android の場合は **Play ストア（プレイストア）**といいます。
アプリを追加して使えるようにすることを**インストール**といいます。
iPhone の場合、アプリのインストールの際にパスワードを入力する必要があります。パスワードには必ず大文字が含まれます。パスワードの代わりに指紋認証あるいは顔認証を用いることもできます。
Android の場合、特にパスワードなどの入力はありません。

iPhone	Android
●パスワード ●指紋認証 ●顔認証 いずれかが必要です。	パスワードの入力を 求められることはありません。

2 LINE のインストール（iPhone）

① ホーム画面の［App Store］をタップします。
② ［検索］をタップします。
③ ［検索］ボックスをタップして「ライン」と入力し、キーボードの［検索］をタップします。
④ LINE のインストール画面が表示されます。［入手］をタップします。

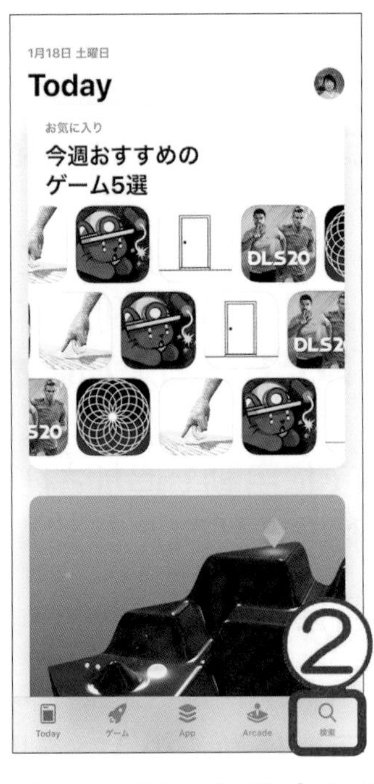

⑤ ホームボタンのない iPhone は、本体右にあるサイドボタンを素早く 2 回押します。
顔認証を有効にしている場合は、視線を iPhone に合わせます。
ホームボタンがあって、指紋認証のできる iPhone は、登録した指をホームボタンの上に乗せます。

⑥ ［インストール］が表示された場合、［インストール］をタップします。

⑦ 必要に応じて、Apple ID のパスワードを入力し、［サインイン］をタップします。Apple ID のパスワードには大文字が含まれるので注意が必要です。

⑧ LINE のインストール画面の［開く］をタップします。「LINE へようこそ」と表示されます。

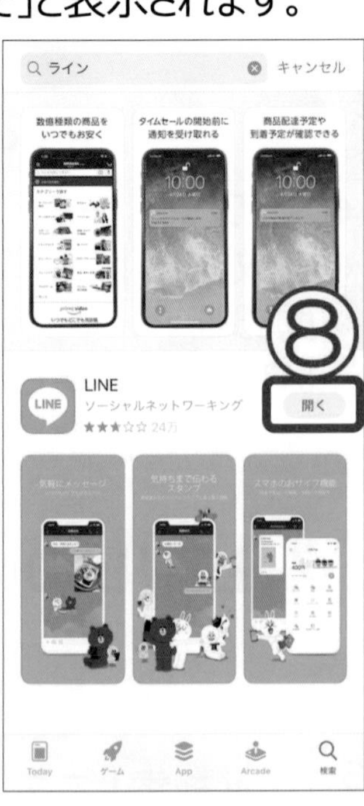

3 LINE のインストール（Android）

① ホーム画面の ［Play ストア］をタップします。
② ［検索］ボックスをタップします。
③「ライン」と入力し、キーボードの をタップします。

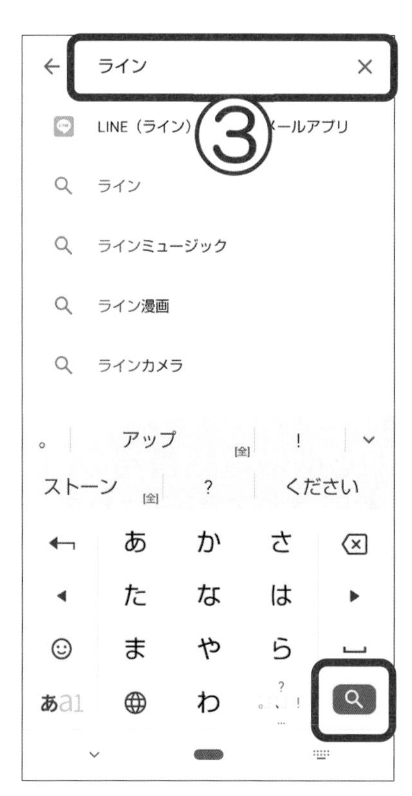

④ LINE のインストール画面が表示されます。［インストール］をタップします。
⑤ LINE のインストール画面の［開く］をタップします。「LINE へようこそ」と表示されます。

4 LINE の初期設定

LINE の初期設定をする場合、次のことに気を付けましょう。

- LINE のインストールが終了すると、携帯電話番号宛にショートメールが送られてきます。そのショートメールに記載されている番号を入力する必要があります。番号を控えるための紙とペンなどを用意しておきましょう。なお、ショートメールで送られてきた番号はその時しか使わないので、覚えておく必要はありません。
- パスワードは自分で決めます。**半角英字と半角数字の両方を含む半角 6 文字以上で設定**します。
- 決めたパスワードを忘れないように、P22 にメモをしておきましょう。

① 「LINE へようこそ」の画面の［はじめる］をタップします。
② 携帯電話番号を入力し、→ をタップします。
③ ［送信］をタップします。
表示される携帯電話番号の「+81」は日本の国番号です。「090」「080」などの最初の「0」は省略されて表示されています（例：090-1234-5678 の場合、+81 90-1234-5678 と表示されます）。

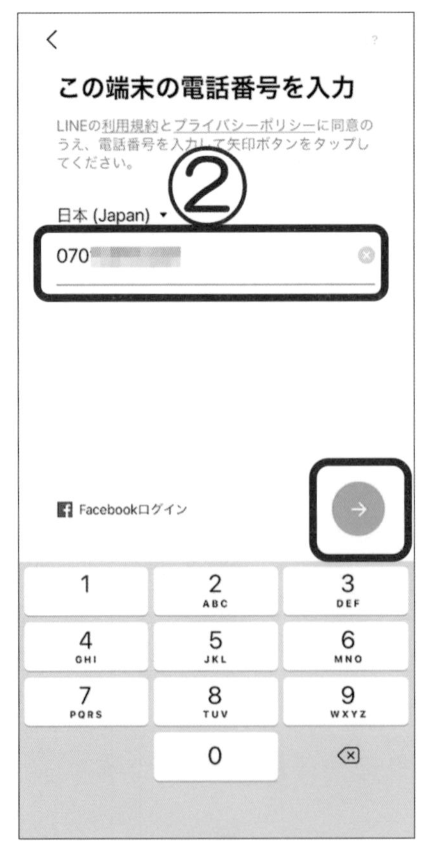

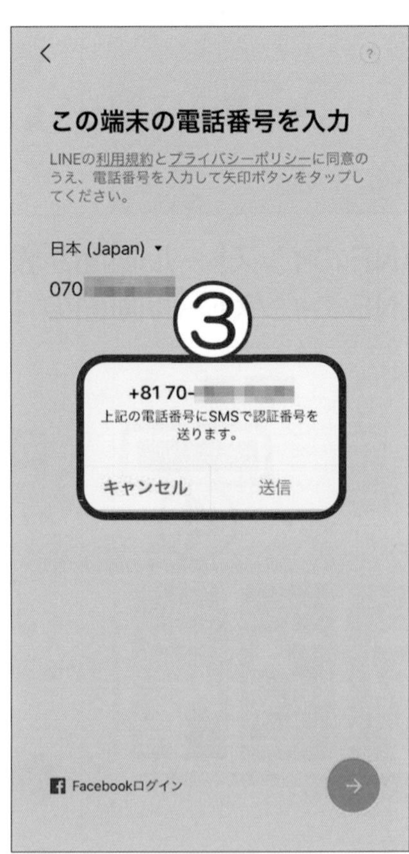

④ 認証番号がショートメールで送られます。メモをしましょう。
⑤ 6 桁の認証番号を入力します。
※認証番号が届かなかった場合は［認証番号を再送］をタップします。
⑥ ［アカウントを新規登録］をタップします。
⑦ 名前を入力し、→ をタップします。

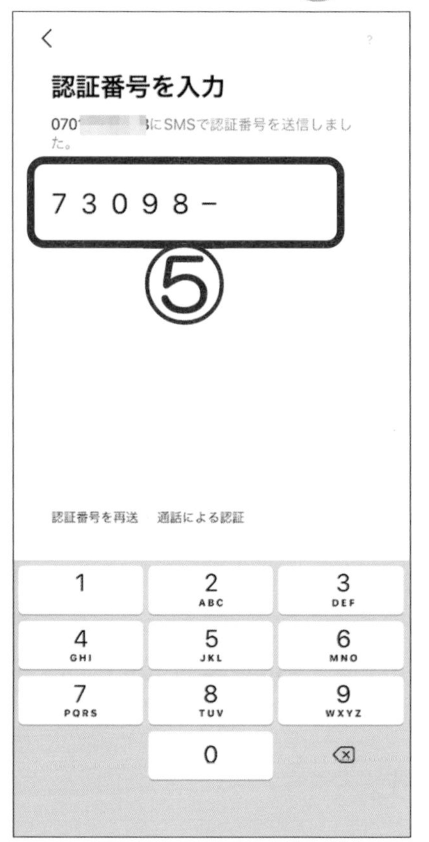

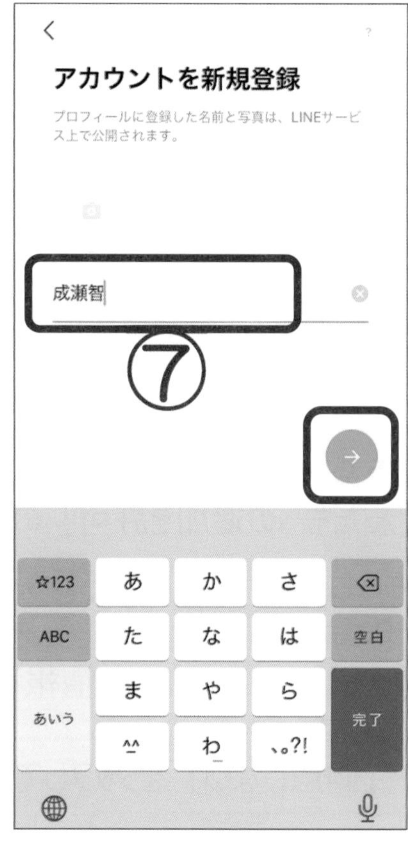

⑧ パスワードを登録します。半角英字と半角数字の両方を含む半角 6 文字以上で入力します。
同じものをもう一度入力し、→ をタップします。

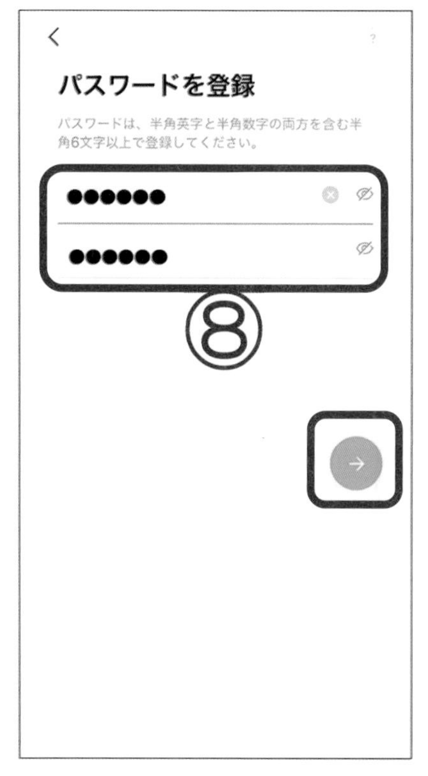

すでに LINE を使ったことのある人は、手順⑥で **［アカウントを引き継ぐ］** をタップします。ここで［アカウントを新規登録］をタップすると、今までの友だちがすべて削除されてしまいます。
アカウントを引き継ぐ方法はP114を参照してください。

5 友だちを追加する初期設定について

初期設定ではスマートフォンの連絡先から、自動的に友だちが追加されます。限られた人とだけつながりたい時は、メニューを「オフ」にしておくとよいでしょう。
ここでは、友だち自動追加は「オフ」、年齢確認を「しない」で登録します。

● 連絡先にある人と簡単につながりたい ● あとから 1 人ずつ自分で友だちを追加するのは面倒 ● できるだけ多くの人とLINEを利用したい	友だち自動追加 ：［オン］ 友だちへの追加を許可 ：［オン］
● 実際につきあいのある親しい人とだけLINEを利用したい ● 必要があれば、その都度友だちを追加するということでかまわない	友だち自動追加：［オフ］ 友だちへの追加を許可：［オフ］

① ［友だち追加設定］で［友だち自動追加］の［オン］をタップして［オフ］にし、［友だちへの追加を許可］の［オン］をタップして［オフ］にします。

② どちらも［オフ］になったら、をタップします。

③ ［年齢確認］で［あとで］をタップします。

④ ［サービス向上のための情報利用に関するお願い］が表示されます。［同意する］をタップします。
※［同意しない］をタップしても LINE を使用することはできます。

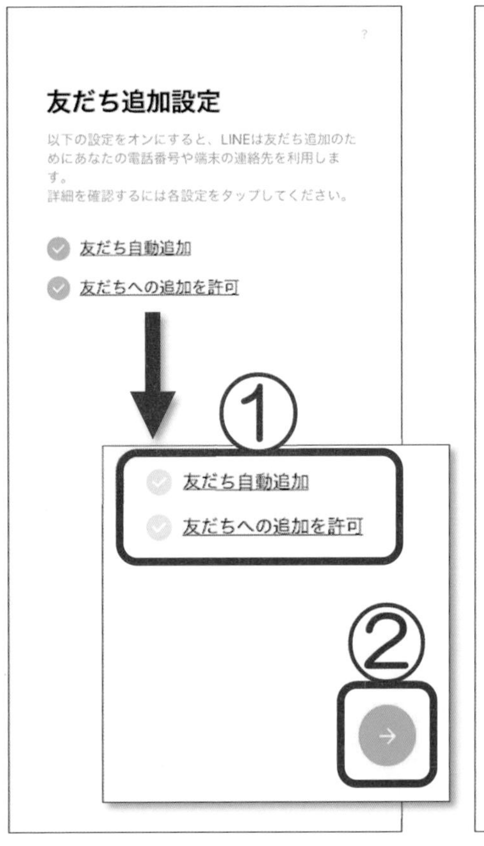

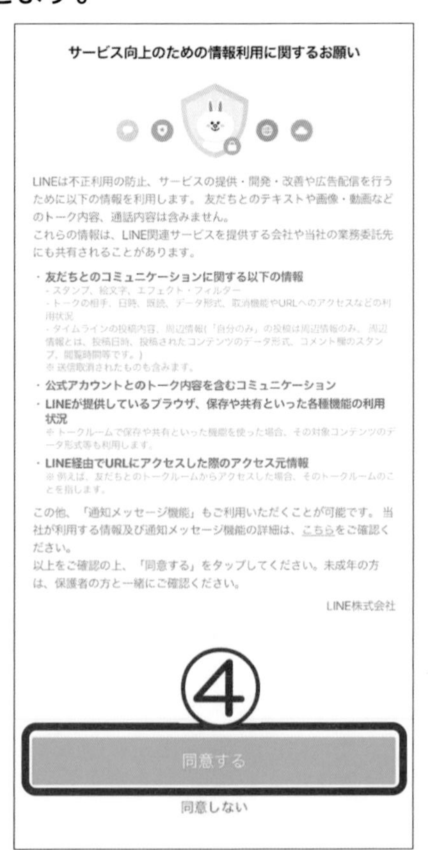

⑤ ［上記の位置情報の利用に同意する（任意）］、［LINE Beacon の利用に同意する（任意）］の ［オン］をタップして ［オフ］にして、［OK］をタップします。
⑥ ［"LINE"が Bluetooth の使用を求めています］と表示されたら［OK］をタップします。
⑦ ［"LINE"が連絡先へのアクセスを求めています］と表示されたら［OK］をタップします。
※連絡先へのアクセスは、あとで友だちに招待を出したりする時に必要です。

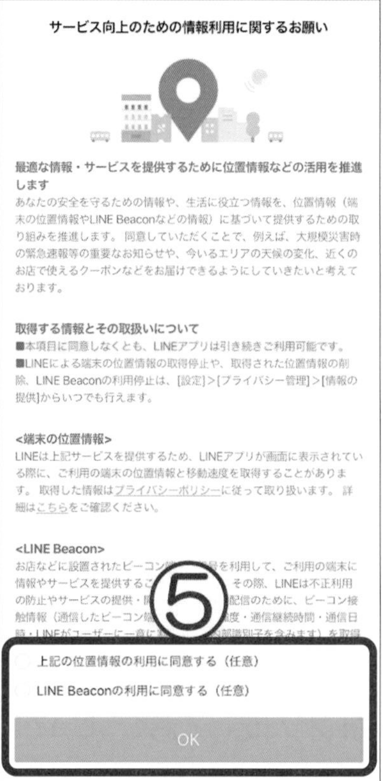

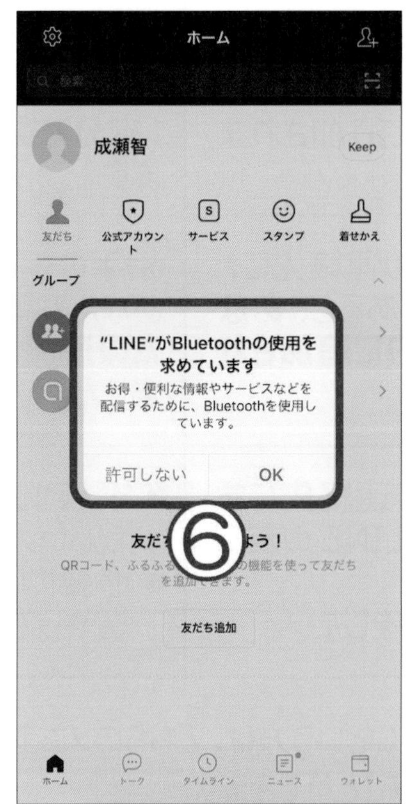

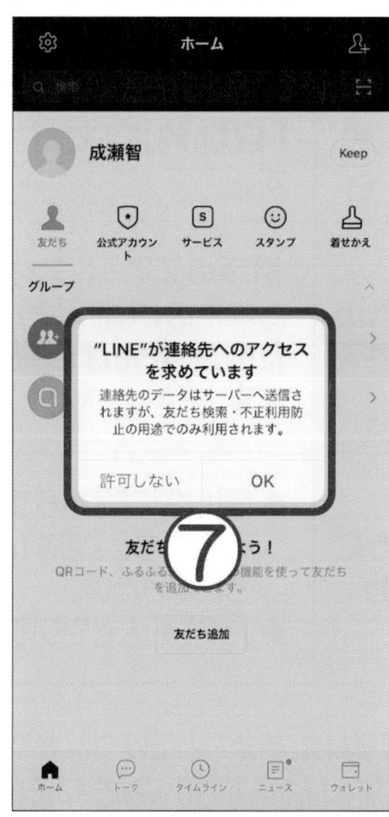

⑧ ［"LINE"は通知を送信します。よろしいですか？］と表示されたら［許可］をタップします。
⑨ ［友だちを追加してみよう！］の画面が表示されたら、LINE の初期設定は完了です。

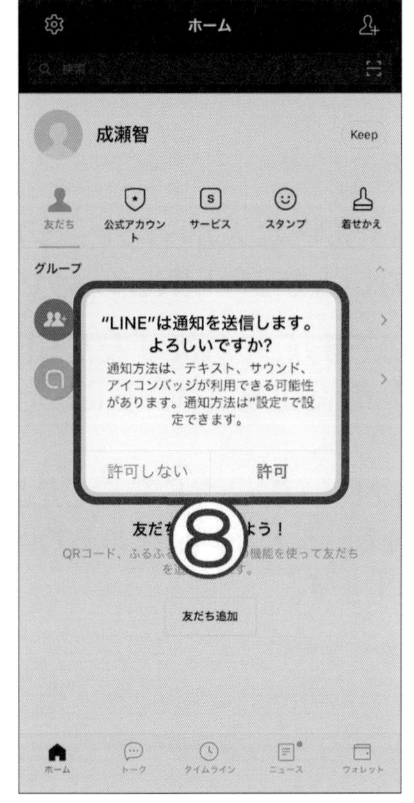

初期設定ではスマートフォンの連絡先から、自動的に友だちが追加されます。
［友だち自動追加］［友だちへの追加を許可］のオンとオフの違いは次の通りです。

	オン	オフ
友だち自動追加	自分のスマートフォンの連絡先から**「LINE を使っている人」**が**「自動的に」**友だちに追加されます。	自分のスマートフォンの連絡先から**「LINE を使っている人」**を**「自分で選んで」**友だちに追加できます。
友だちへの追加を許可	相手のスマートフォンの連絡先に、あなたの電話番号があると、**あなたの連絡先は自動的に追加されます。**	相手のスマートフォンの連絡先に、あなたの電話番号があっても、**あなたの連絡先は自動的に追加されません。**
こんな方にお勧め	● 親しさに関わらず、連絡先にある人たちと、まずは LINE の友だちになりたい。 ● たくさん人とやり取りをしたい。	● 家族や友人、親戚など、本当に親しい人とだけやり取りしたい。 ● 必要に応じて LINE の友だちを増やしていきたい。

家族や限られた友だちとだけつながりたいという方は、どちらのメニューも「オフ」にしておくとよいでしょう。友だちはあとからいくらでも増やすことができます。
なお、［友だち自動追加］を［オン］にして LINE を始めた場合、あとから［オフ］にしても自動的に追加された友だちはそのまま残ります。

LINE を始めると、

「知らないうちにいろいろな人からメッセージが届くようになった」
「そんなに親しくない人からも LINE のメッセージが届くようになった」

という方が多いのですが、それは［友だち自動追加］や［友だちへの追加を許可］の設定を［オン］にしたまま設定を進めたのが原因です。
この設定は、気が付いてあとから変更したとしても、それまでに友だちリストに追加されている人が削除されるわけではないので、最初の設定時が重要になります。

レッスン 4　LINE の画面と基本設定の確認

LINE の画面を確認しましょう。このレッスンでは主によく使うメニューや、覚えておくと便利な設定について紹介します。
どこにどんなメニューがあるのかを、確認しておくことが大切です。
特に［設定］は頻繁に利用するものではありませんが、LINE を使う上で大事なメニューが含まれています（P19 参照）。

1 LINE のメニューの確認

LINE に表示されるメニューを確認しましょう。
スマートフォンの基本プログラム（OS）やアプリの更新は、予告なく行われることがあります。更新されることによって、機能がプラスされたり、できることが増えたりします。それに伴い、メニューやボタンのデザイン、配置などが変更されることもあります。スマートフォンを使っていると、こうしたことは日常的に起こります。そのため、本書の画面と異なる画面が表示されることもあるかもしれませんが、その時は同じ名称のメニューを探してください。
ここに記載したものは iPhone の画面ですが、Android もほぼ同じ画面です。
LINE には **［ホーム］［トーク］［タイムライン］［ニュース］［ウォレット］** の 5 つのメニューがあります。

［友だち］には友だちの一覧が表示されます。［設定］や［友だち追加］など、LINE で大切なメニューがあります。

友だちとやり取りしたメッセージが表示されます。

③ タイムライン

自分や友だちが［ホーム］に投稿したものがまとめて表示されます。

④ ニュース

ニュースを見ることができます。

⑤ ウォレット

LINE を財布代わりに使うことができます（第 7 章参照）。

［ホーム］の画面を確認してみましょう。
［ホーム］には［グループ］や［友だち］、LINE の各種サービス、［設定］［友だち追加］などメニューがあります。

［友だち］をタップすると、友だちリスト（友だちの一覧）が表示されます。

② 公式アカウント

友だちに追加した企業やサービスが表示されます。
［公式アカウント］の文字が見えない時は、［友だち］の右にある ∨ をタップします。

LINE の各種設定を行う大切なメニューです。

ここから、LINE の友だちの追加を行います。

［ホーム］の友だちリストと、［トーク］のトーク一覧は同じように見えますが、使い方やできることが違います（詳しくは P37 参照）。

2 LINE の各種設定の確認

LINE の各種設定を行うのが［ホーム］にある［設定］です。LINE ではとても大切な設定を行う画面です。たくさんの項目がありますが、本書ではよく使用する次の内容を紹介します。

設定項目	内 容	参照
プロフィール	自分のプロフィールを設定できます。 顔写真や、名前を変更したり、友だちリストに表示されるひとこと（ステータスメッセージ）を編集できます。	P23
アカウント	メールアドレスの登録などを行います。	P20
アカウント引き継ぎ	スマートフォンの機種を変更しても、LINE の友だちやスタンプをそのまま引き継ぐための設定ができます。	P114
スタンプ	スタンプの管理ができます。	P88
コイン	スタンプや着せかえを購入するための、LINE 独自の通貨をコインといいます。コインの残金確認やチャージができます。	P80 P82
トーク	トークルームの背景や文字サイズの変更などができます。 またトークの履歴を保存しておくメニューがあります。	P107
友だち	［友だち自動追加］や［友だちへの追加を許可］の設定ができます。また非表示リストやブロックリストの確認ができます。	P14 P53
LINE について	LINE のバージョンの確認ができます。	P19

ここでは LINE のバージョンを確認しておきましょう。

① ［ホーム］の［設定］をタップします。
② 画面を上に動かし、［LINE について］をタップします。
③ ［現在のバージョン］を確認します。本書執筆時（2020 年 3 月 25 日）のバージョンは 10.2.1 です。
④ ［×］（**Android** は［<］）をタップし、元の画面に戻ります。

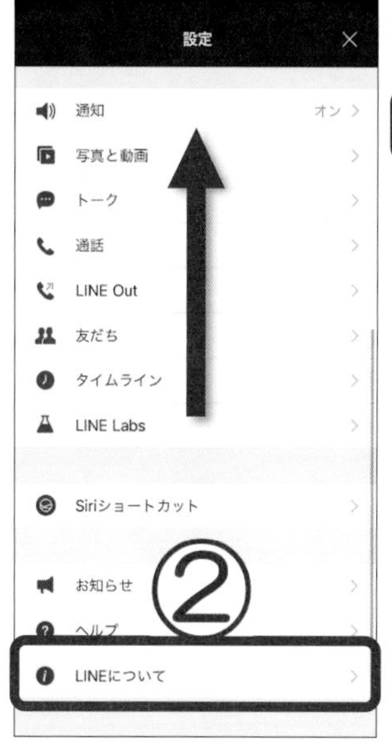

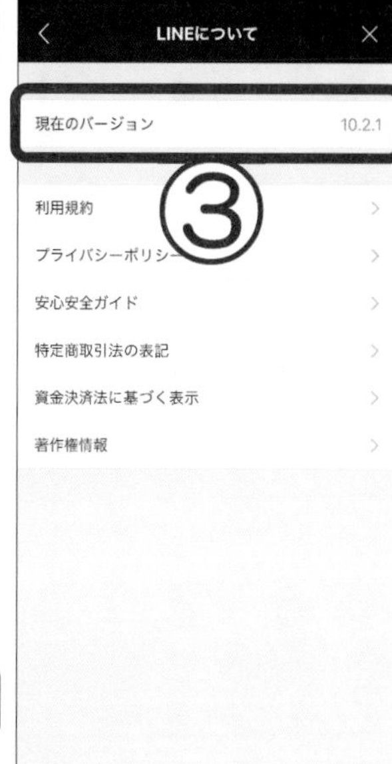

3 LINE へのメールアドレスの登録

スマートフォンを買い替えたり、買い直した時に、LINE の友だちリストや登録情報をそのまま引き継ぐことができます。ただし、LINE の引き継ぎにはメールアドレスが必要です。**メールアドレスは、必ず最初に登録**しておきます。
携帯電話会社のメールアドレスは、携帯電話会社を変更した場合に使えなくなるので、Gmail（XXXX@gmail.com）などのフリーメールアドレスを利用するとよいでしょう。
なお、登録したメールアドレスとパスワードは忘れないようにするか、他人に見られないようにどこかに控えておきましょう。
あわせて、LINE のアカウントが乗っ取られ、勝手に悪用されないように、ログイン許可の設定をオフにしておきましょう。

① [ホーム] の [設定] をタップします。
② [アカウント] をタップします。
③ [メールアドレス] が未登録になっていることを確認します。[メールアドレス] をタップします。

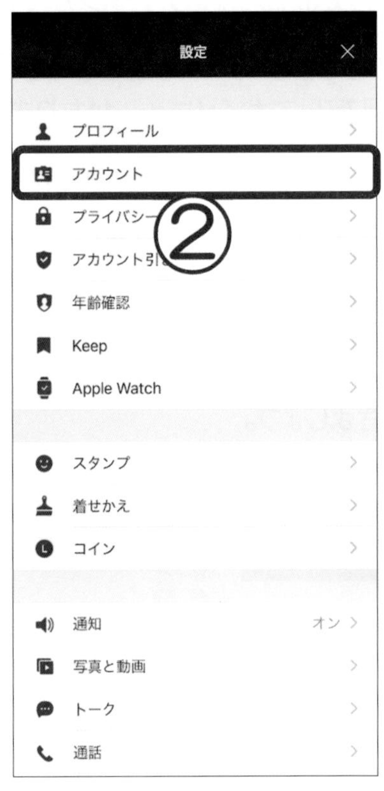

④ メールアドレスを入力し、［次へ］をタップします。
⑤ スマートフォンのホーム画面に戻り、［メール］をタップします。
⑥ LINE から届いたメールを開きます。
⑦ メールの文面の URL（https://から始まる文字列）をタップすると、メールアドレスの認証が完了して、LINE の画面に戻ります。

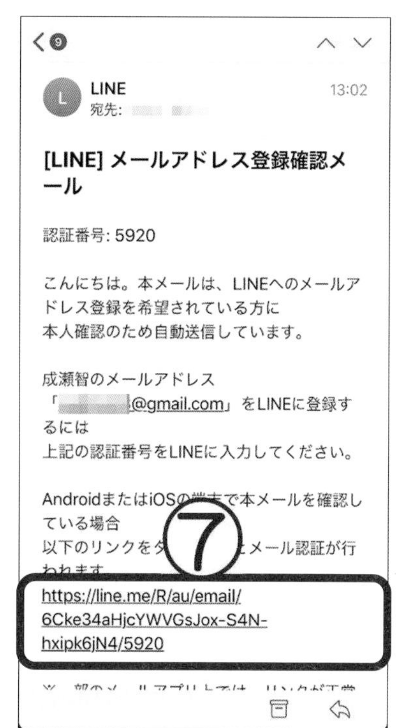

⑧ ［メールアドレスの登録が完了しました］と表示されます。［OK］をタップします。
⑨ ［ホーム］の［設定］をタップします。
⑩ ［アカウント］をタップします。
⑪ ［ログイン許可］の  ［オン］をタップして 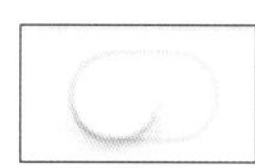 ［オフ］にします。
⑫ ［×］をタップします。

登録したメールアドレスとパスワードは、スマートフォンを買い替えたりした際に、LINE の情報を引き継ぐ時に必要なとても大切な情報です。

登録情報　　　　年　　月　　日現在

電話番号	
メールアドレス	
パスワード	

※ここに記入したメールアドレスやパスワードは、ほかの人に見られないようご自身でしっかり管理してください。

使い始める前に、次の LINE の設定を確認しておきましょう。

☑ メールアドレスは登録されていますか？

☑ パスワードを覚えていますか。または控えてありますか？

☑ ［ログイン許可］の設定は［オフ］になっていますか？

☑ ［友だちの自動追加」［友だちへの追加を許可］の設定のオンとオフの違いがわかりますか。またそのように設定していますか？

ワンポイント　パスワードを忘れた時は

設定したパスワードを覚えていない場合は、次のようにしてパスワードを変更することができます。変更したものは忘れないようにしましょう。

① ［ホーム］の［設定］をタップします。
② ［アカウント］をタップします。
③ ［パスワード］の［登録完了］をタップします。
④ パスコード（数字）を入力します（顔認証を有効にしている iPhone の場合、「"LINE"に Face ID の使用を許可しますか？」などのメッセージが表示されます。［OK］をタップします）。
⑤ パスワード変更の画面で、新しいパスワードを 2 回入力し、［OK］をタップします。

4 プロフィールの設定

プロフィールに写真を追加してみましょう。写真は好きなものを選ぶことができます。相手にとって、一目見てあなただとわかる写真にしておくとよいでしょう。もちろん花やペットの写真などを使うこともできます。

プロフィール写真を変更すると、相手の画面にも反映されます。

▼プロフィール写真がない場合

▼プロフィール写真がある場合

① [ホーム] の [設定] をタップします。
② [プロフィール] をタップします。
③ 説明の画面が表示されたら、[OK] をタップします。

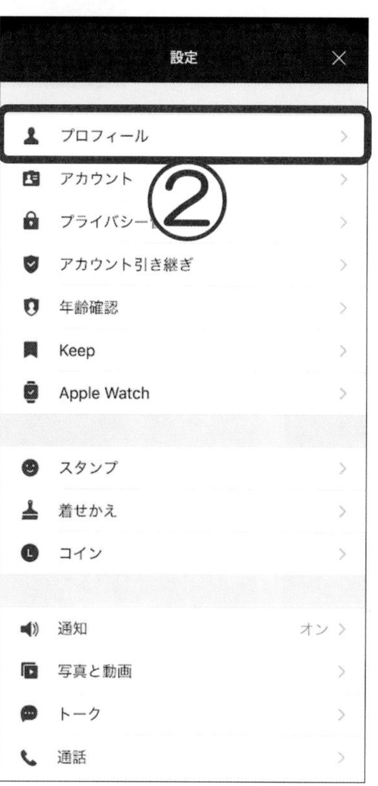

④ 自分のプロフィールが表示されます。プロフィール画面の 📷 をタップします。
⑤ ［写真・動画を選択］をタップします。
⑥ ［"LINE"が写真へのアクセスを求めています］と表示されたら、［OK］をタップします。
⑦ プロフィールに使いたい写真をタップします。写真が決まったら［次へ］をタップします。

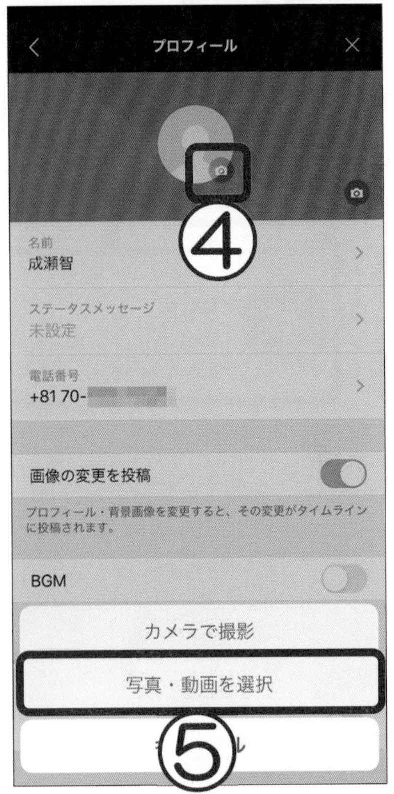

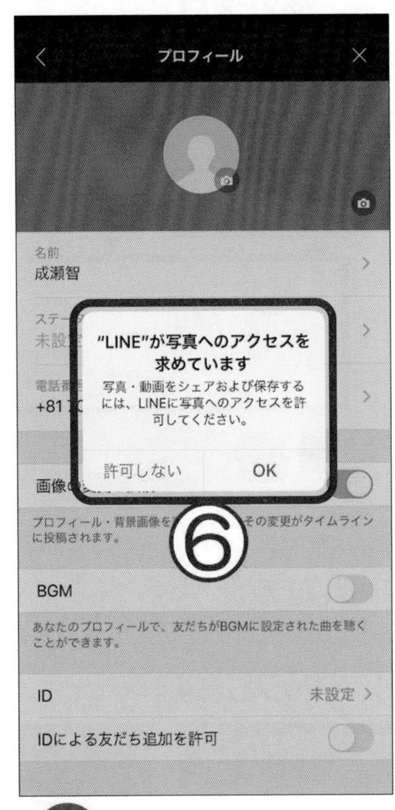

⑧ 同様にして、背景画像の 📷 をタップすれば背景写真も変更できます。
⑨ 背景写真を選択したら［次へ］をタップします。
⑩ ［完了］をタップします。
⑪ プロフィール写真、背景写真を選択したら、［×］をタップします。

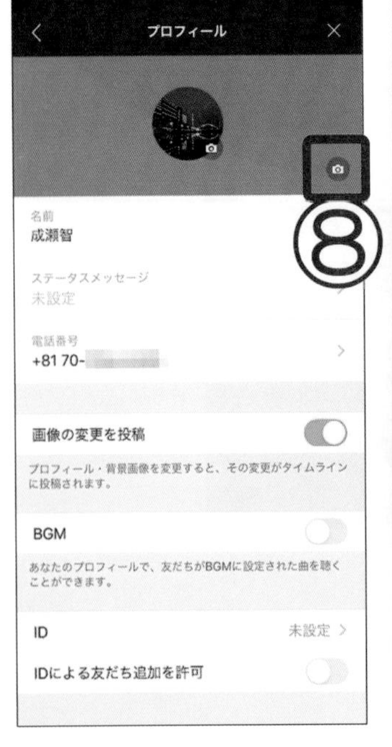

第2章

友だちに
メッセージや
スタンプを送ろう

レッスン 1　友だちの追加

LINE に友だちを追加してみましょう。**友だちの追加**には、現在、目の前にいる人と友だちになる方法と、遠くの人と友だちになる方法があります。
ここでは、つながりたい相手を選んで友だちに追加する方法を説明します。

1　友だち追加の画面の確認

友だちを追加するメニューを見てみましょう。

① ［ホーム］の ［友だち追加］をタップします。
② 友だち追加の画面が表示されます。［友だち自動追加］に［許可する］と表示されていますが、ここはタップしないようにします。
③ ［招待］［QR コード］［検索］の 3 つのメニューが表示されます。

2 ショートメールやメールを利用した招待

連絡先に登録されている相手に、ショートメール（SMS）やメールで招待を送れます。相手の携帯電話番号を知っていれば、ショートメールが送れます。
相手が招待を受けてくれれば友だちになれます。
なお、相手によってはメッセージが送れない場合もあります。その時は違う方法で友だちに追加しましょう。

■ショートメールの場合

① ［ホーム］の ［友だち追加］をタップします。

② ［招待］をタップします。

③ ［SMS］または［メールアドレス］をタップします。招待したい相手とよくやり取りしている方法を選択します。
ここでは［SMS］をタップします。

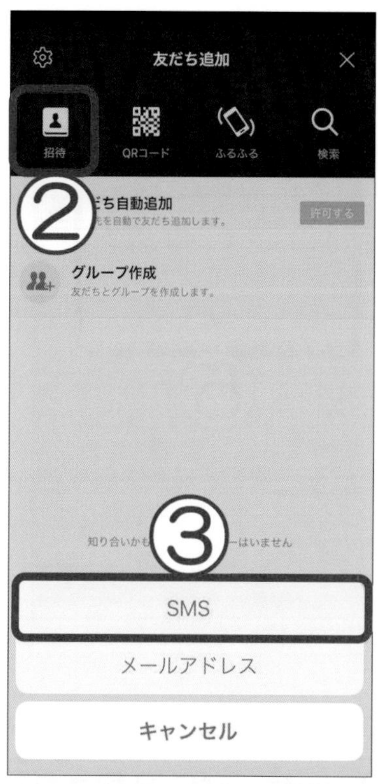

④ 連絡先から相手を選択し、［招待］をタップします。
Android は、どのアプリで開くかを選択する画面が表示されます。普段メッセージをやり取りしているアプリをタップします。

⑤ 利用料金に関する説明が表示されたら、［OK］をタップします。
⑥ QR コードとメッセージが表示されます。宛先を確認し、［↑］（または［送信］）をタップします。
⑦ ［×］をタップします。
⑧ ［友だち追加］の画面に戻ります。

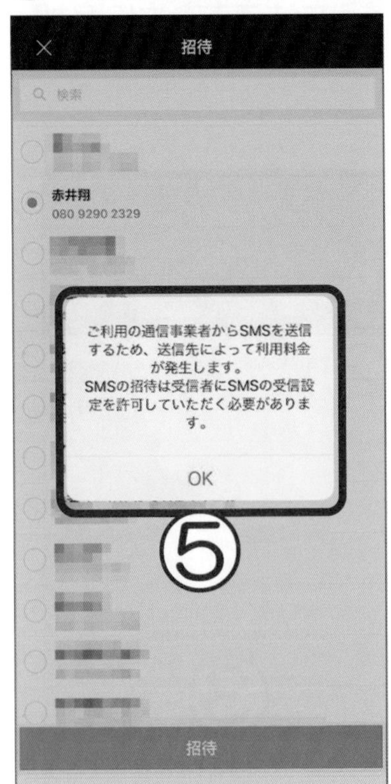

LINE の招待がショートメールなどで届いたら、次のように操作します。

① メッセージに記載された［LINE Add Friend］（またはショートメールの文面中の青色の URL）をタップします。

② ［このページを"LINE"で開きますか？］と表示されたら、［開く］をタップします。
③ 友だちの名前を確認して、［追加］をタップします。
④ ［友だちリスト］が表示され、追加した友だちの名前が表示されます。

■メールの場合

① ［招待］をタップします。
② ［メールアドレス］をタップします。

③ スマートフォンの連絡先から相手を選択し、［招待］をタップします。
Android は、どのアプリで開くかを選択する画面が表示されます。普段メールをやり取りしているアプリをタップします。

④ メールの文面が表示されます。宛先を確認し、［↑］（または［送信］）をタップします。

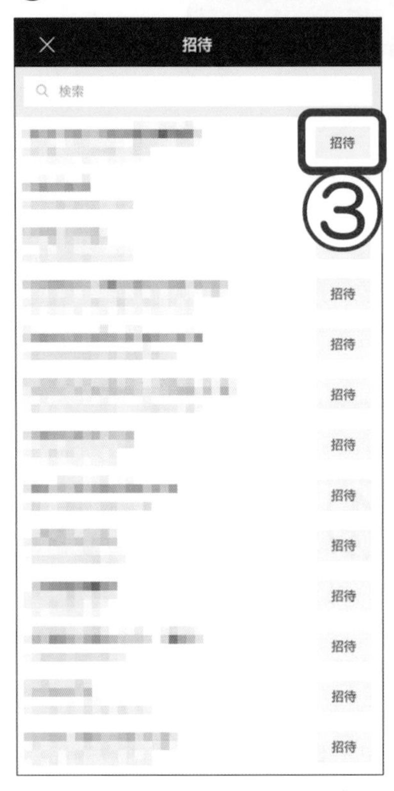

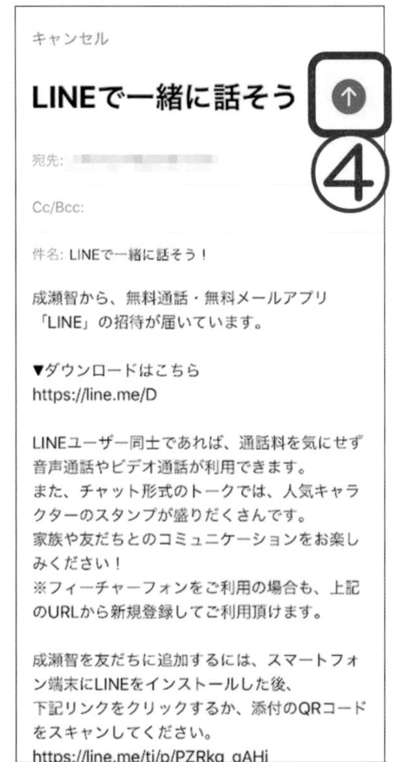

⑤ ［×］をタップします。

⑥ ［友だち追加］の画面に戻ります。

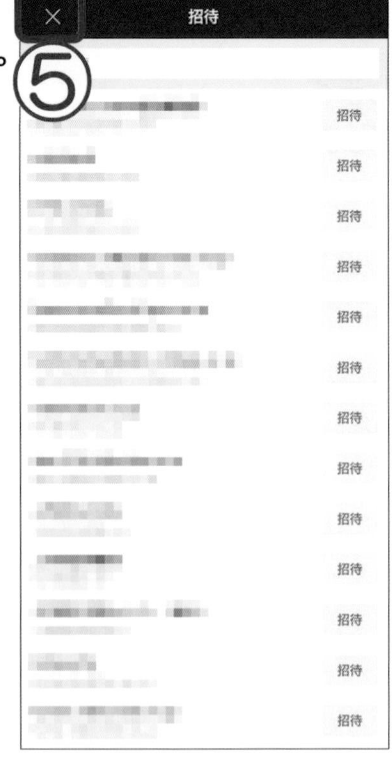

LINE の招待がメールで届いたら、次のように操作します。

① メールの文中の下の方にある青色の URL をタップします。
② ［このページを“LINE”で開きますか？］と表示されたら、［開く］をタップします。
③ 友だちの名前を確認して、［追加］をタップします。

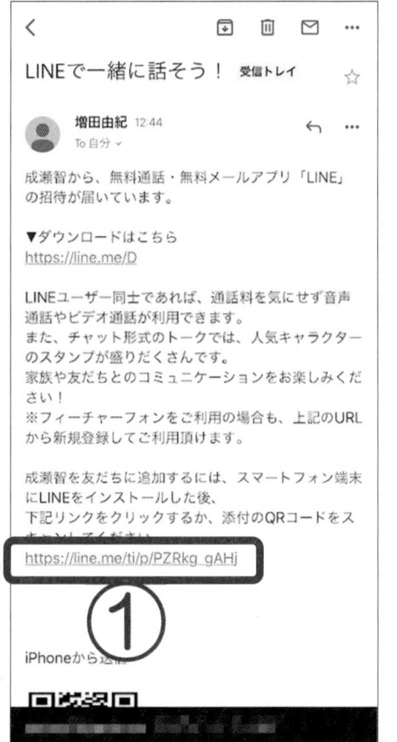

ワンポイント メッセージやメールで招待する時の文章について

メッセージやメールには、あらかじめ文章が用意されています。
いつも自分が書く文章とは違うので、それを受け取った相手が迷惑メールと間違えたり、本当に自分宛てに送られてきたものなのかどうか迷う場合があります。
招待のメッセージやメールを送ったあとに、続けて自分の言葉で「XXX です。LINE をはじめました。招待を送ります。よろしくお願いします。」などと添えておくと、招待を送られた相手も安心して、操作を進めることができるでしょう。

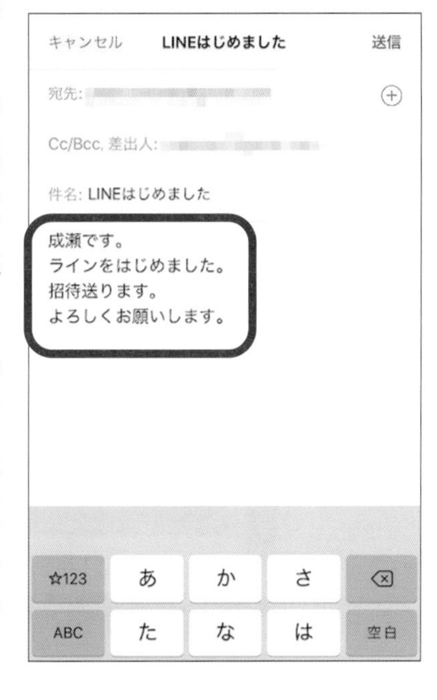

3 QRコードを利用した招待

QRコードとは、白と黒の模様で、その模様の中にあなたのLINEの情報が入っています。
このQRコードを読み取ることで、友だちに追加できる便利なマークです。
相手が近くにいる時は、**LINEのQRコード**を使ってお互いを友だちに追加できます。

■相手のQRコードを読み取る方法

① ［ホーム］の［友だち追加］をタップします。

② ［QRコード］をタップします。

③ ［以下の機能へのアクセスをLINEに許可してください］と表示されたら、［許可］をタップします。

④ QRコードを読み取ると、QRコードリーダーの画面になります。スマートフォンを相手のLINEのQRコードにかざし、相手の情報を読み取ります。

⑤ QR コードを読み取ると、相手の名前が表示されます。［追加］をタップします。
⑥ ［友だちリスト］が表示され、追加した友だちの名前が表示されます。

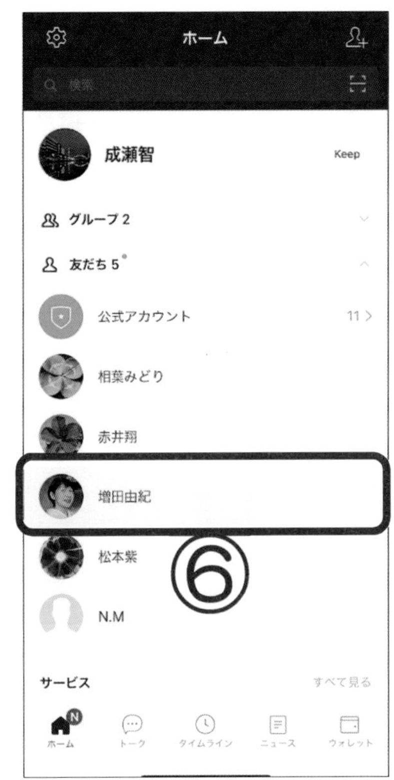

■自分の LINE の QR コードを相手に見せる方法

自分の LINE の QR コードを相手に見せて、友だちに追加してもらうことができます。

① ［ホーム］の ［友だち追加］をタップします。
② ［QR コード］をタップします。

③ QRコードリーダーが表示されます。［マイ QR コード］をタップします。
④ 自分のQRコードが表示されます。この QR コードを相手に見せて読み取ってもらいます。

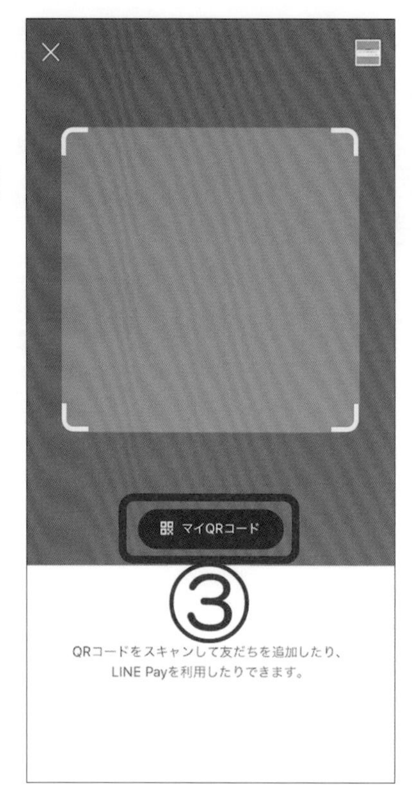

ワンポイント QR コードを交換して友だちになる

LINE の QR コードは保存することができます。保存した QR コードは、スマートフォン本体に画像として保存されます。

近くで QR コードを読み取ることができない時は、保存した QR コードをメールに添付して送ってみましょう。そしてその QR コードを相手に保存してもらいましょう。

保存された QR コードも、LINE の QR コードリーダーで読み取ることができます。

① ［友だち追加］の［QR コード］をタップします。
② ［マイ QR コード］をタップします。

③ 自分の QR コードが表示されます。
[↓] をタップします。
自分の QR コードがスマートフォン本体に保存されます。
④ 保存した QR コードを読み取る時は、QR コードリーダーの右上をタップします。

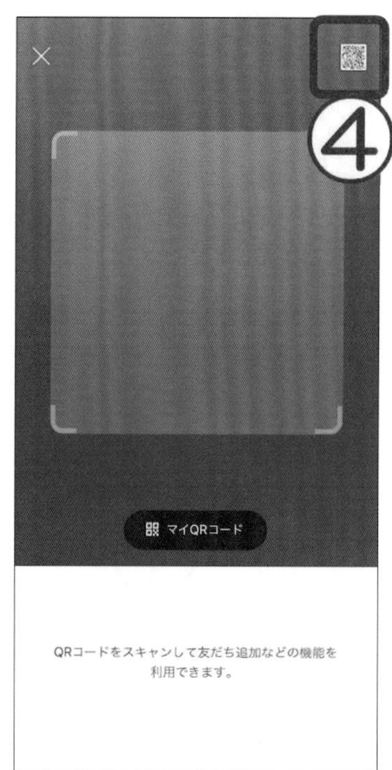

⑤ スマートフォン本体に保存された QR コードをタップします。
⑥ QR コードが QR コードリーダーで読み取られます。［追加］をタップすると、友だちになることができます。

4 友だちの名前の編集

友だちになった人は**友だちリスト**に表示されます。この時表示されるのは、相手が LINE に登録している名前です。
例えばイニシャルやニックネームで表示される友だちが、どの人か紛らわしい場合、自分のわかりやすい名前に変更できます。同様にして、「櫻井」と表示されたものを「自治会櫻井さん」、「松本」と表示されたものを「サークル松本さん」というような編集もできます。
編集した名前は自分だけしか見ることができないので、相手には変更したことはわかりません。親しい間柄なら、いつも使っているニックネームなどにしてもよいでしょう。

① [ホーム] の [友だち] をタップします。
② 友だちリストから編集する名前をタップします。
③ 名前の横にある をタップします。
④ 名前の欄をタップすると、キーボードが表示されます。表示したい名前を入力し、[保存] をタップします。
⑤ 名前が変更されたら、[×] をタップします。

⑥ 名前が変更されます。友だちリストの表示名も変更されます。

レッスン 2　友だちにメッセージを送る

まずは LINE の基本となる、1 対 1 のメッセージのやり取りを試してみましょう。
LINE では相手とやり取りすることを**トーク**、やり取りしている画面を**トークルーム**といいます。このトークルームは自分と相手だけの部屋といったイメージです。
やり取りされた内容は、自分とその相手だけが見ることができます。
家族や友だちなど、親しい間柄だからこそ楽しめる、普段のおしゃべり感覚でトークを使ってみましょう。

1　友だちの表示形式の違い

［ホーム］ の ［友だち］ から友だちを選択しても、 ［トーク］ から友だちを選択しても、どちらからでもメッセージを送ることができます。
どちらも同じように見えますが、 ［ホーム］ の ［友だち］ は**友だちが一覧で表示される**ところ、 ［トーク］ は**トークが一覧で表示される**ところです。どちらも相手やトークを選択すれば、すぐにやり取りの続きができます。

▼ ［ホーム］ の友だち

▼ ［トーク］ の友だち

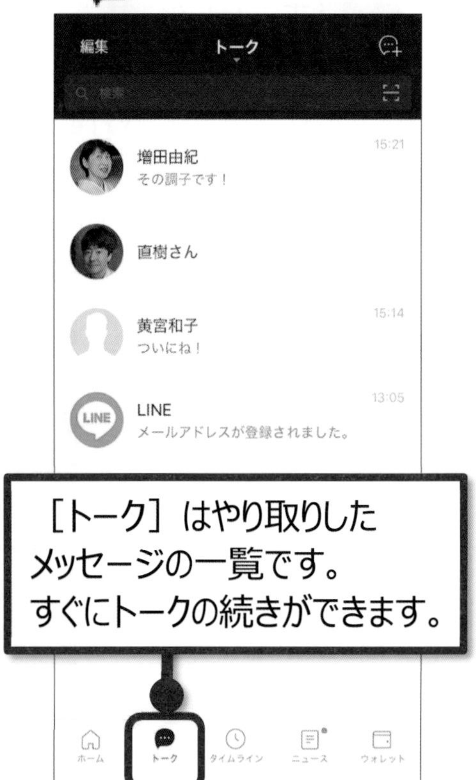

なお、友だちを削除したい時は ［友だちのブロック］ というメニューを使います。友だちのブロックは ［ホーム］ の ［友だち］ からしかできません（P51 参照）。

また、よく使うトークを上の方に表示しておきたい時は ［トークのピン留め］ というメニューを使います。これは ［トーク］ からしかできません（P41 参照）。

2 友だちを選択してからのやり取り

友だちリストの中から相手を選択して、やり取りを始めます。
［トーク］［無料通話］［ビデオ通話］の中から選択できます。

メッセージやスタンプ、写真などのやり取りができます。

インターネットを利用した無料の通話ができます。

インターネットを利用した無料のビデオ通話ができます。

① ［ホーム］の ［友だち］をタップします。
② 友だちリストの中から、メッセージを送りたい相手をタップします。
③ 相手の名前が表示されます。 ［トーク］をタップします。
④ トークルームが表示されます。画面の上に相手の名前が表示されていることを確認します。
⑤ 画面下の入力欄をタップします。

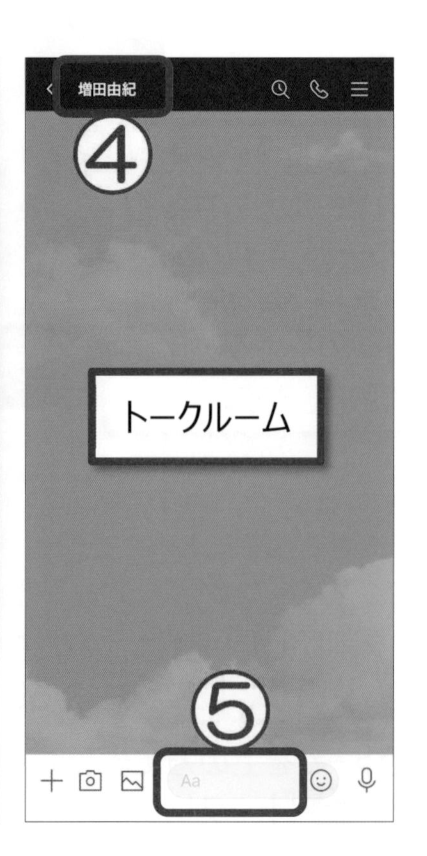

⑥ キーボードが表示されたら文字を入力します。文字を入力すると、入力欄の上に関連したスタンプが表示されますが、続けて文字を入力できます。
⑦ 入力欄は、文字を入力し続けたり、改行したりすると広がります。
⑧ 内容を確認してから [送信] をタップします。
⑨ メッセージがすぐに送信されます。自分の投稿は、緑色の吹き出しで右側に表示されます。一度送信したものは、あとから修正したり削除したりできません。

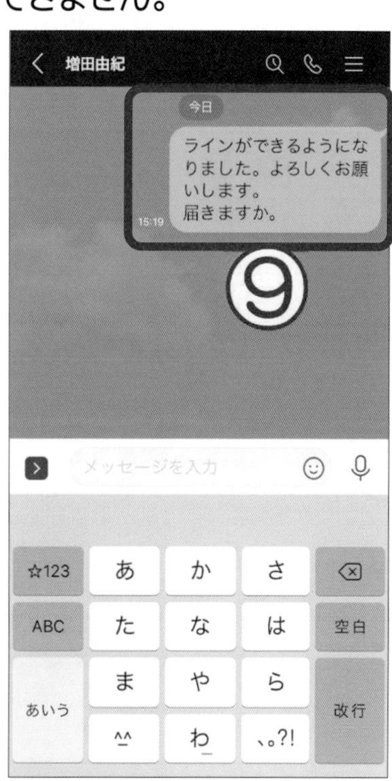

⑩ 送ったメッセージを相手が見ると、自分の画面に「既読」と表示されます。これで相手がメッセージを見たことが確認できます。
⑪ 相手からの投稿があると、白色の吹き出しで左側に表示されます。
⑫ 別の人とやり取りしたい時は [<] をタップし、[トーク] の画面に戻ります。

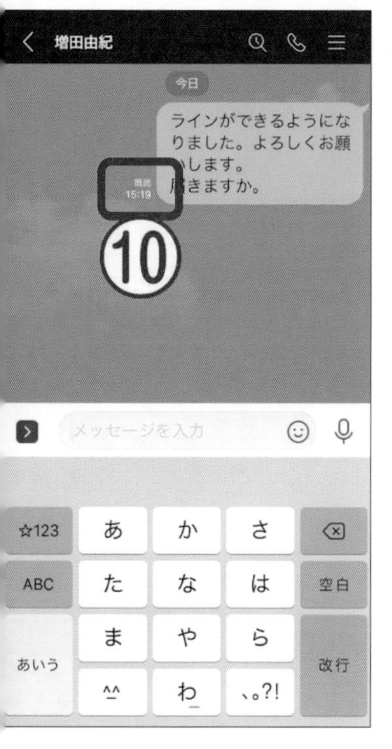

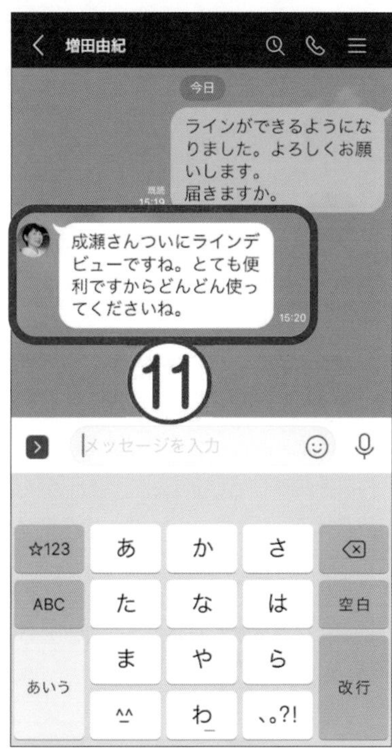

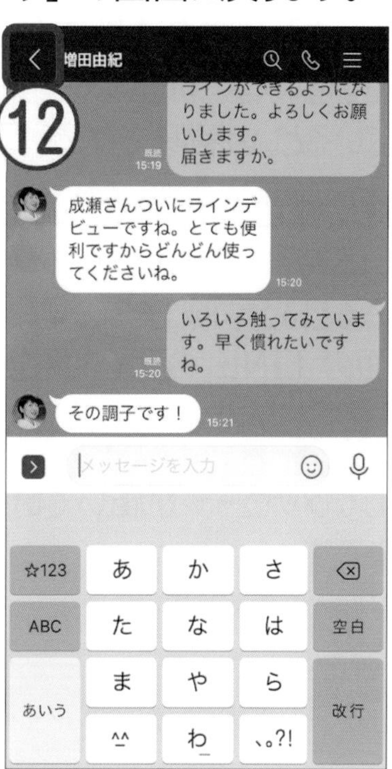

3 トークを選択してからのやり取り

一度でもメッセージのやり取りをした友だちは、［トーク］に表示されます。
トークを選択した場合、既にやり取りした人とのトークルームをすぐに表示できます。

① ［トーク］をタップし、メッセージを送りたい相手をタップします。
② トークルームが表示されます。画面下の入力欄をタップし、文字を入力します。
③ 内容を確認してから ［送信］をタップします。

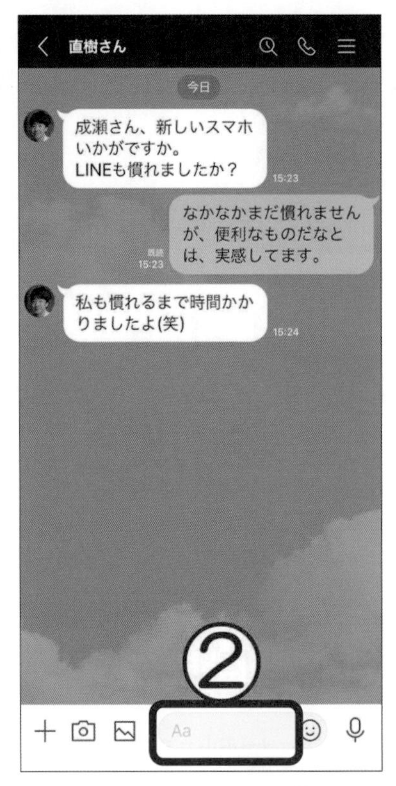

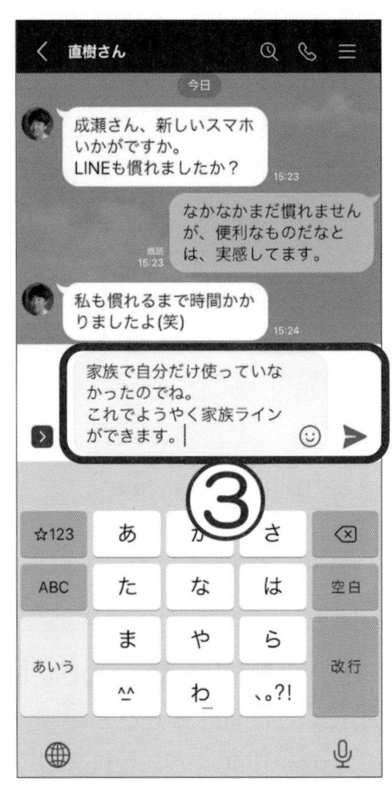

④ ［トーク］に赤色の数字が表示されている時は、新しいメッセージが届いているという意味です。

⑤ トーク一覧に緑色の数字 1 が表示されている時は、新しいメッセージが届いているという意味です。

⑥ ホーム画面の LINE のアイコンに赤色の数字 が表示されている時は、新しいメッセージが届いているという意味です。

4 トークのピン留め

友だちも増え、トークも増えてくるとメッセージを見逃してしまう場合もあります。
初期設定では、トークの並び順は受信時間順になっています。
トークのピン留めを使えば、受信時間に関わらず、常に上の方に固定しておくことができるので見逃しません。

① [トーク] をタップします。
② [トーク] という文字をタップします。表示されたメニューで並び順が [受信時間] になっていることを確認します。

Android は ⋮ をタップし、[トークを並べ替える] をタップすると、メニューが表示されます。

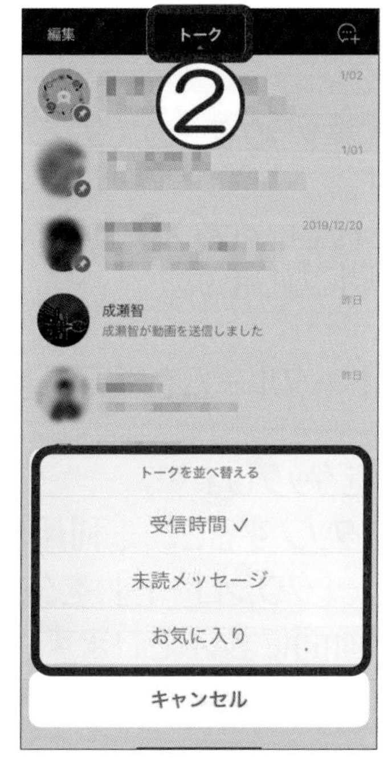

③ 上の方に常に固定しておきたいトークをゆっくり右へ動かし、 をタップします。

Android は長押しし、[ピン留め] をタップします。

④ トークに が表示されます。

がついたトークは常に上に固定して表示されます。

レッスン 3　友だちにスタンプを送る

LINE を象徴するのが**スタンプ**です。メッセージの代わりになるスタンプもたくさん用意されていて、LINE では頻繁に利用されています。
スタンプは、文字に添えて微妙なニュアンスを伝えるのに役に立つことがあります。また絵柄によっては、文字よりも内容が伝わることもあるので、スタンプだけを送るといった使い方もあります。
表情豊かな LINE の公式キャラクターのスタンプは、無料で誰でも使えます。
ほかにも無料で入手できるもの、期間限定で使えるもの、有料のものがあります。

1　無料で使えるスタンプの準備

初期設定では LINE の公式キャラクターのスタンプが使えるようになっています。**スタンプは何種類かで 1 セット**になっています。
また、LINE で最初に用意されている各スタンプは、スマートフォンに取り込む作業（**ダウンロード**）をすればすぐに使える状態になります。

① スタンプを送りたい相手のトークルームを表示します。

② 入力欄の右にある ☺ をタップします。
③ 下に表示されるスタンプをタップすると、［利用可能なスタンプがあります。ダウンロードしますか？］と表示されます。［ダウンロード］をタップします。
④ ダウンロードしたスタンプが画面に表示されます。

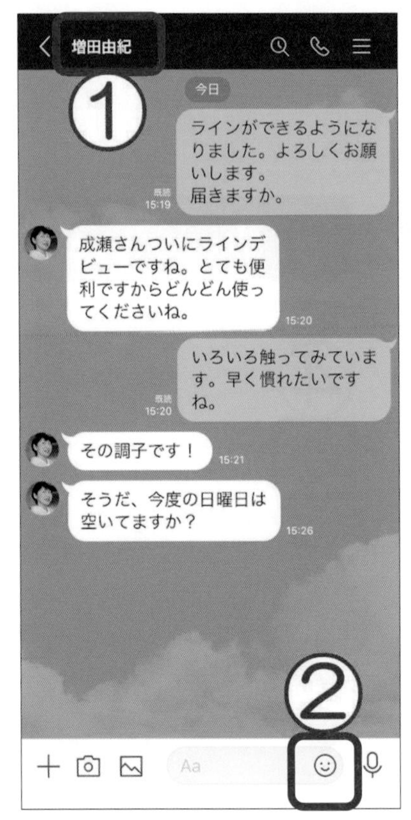

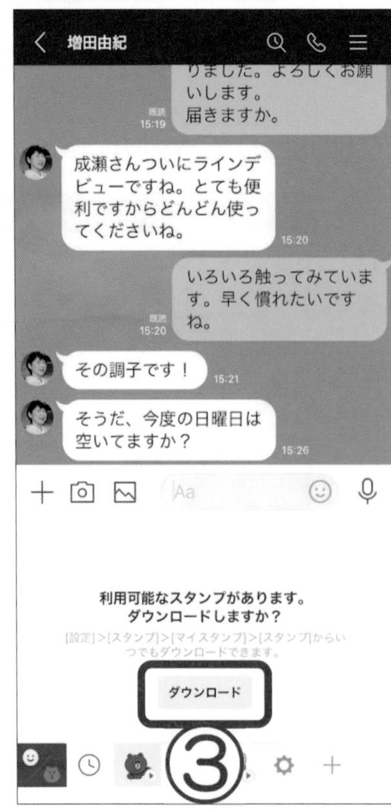

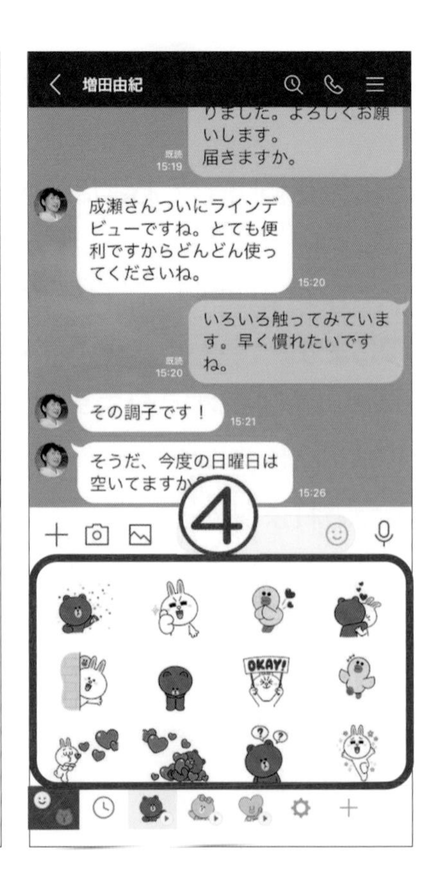

⑤ スタンプの画面を上下左右に動かすと、ほかのスタンプが見られます。
⑥ ［スタンプのプレビュー機能を追加］と表示されたら、［OK］をタップします。
⑦ スタンプの中から使いたいものをタップすると、大きく表示されます。

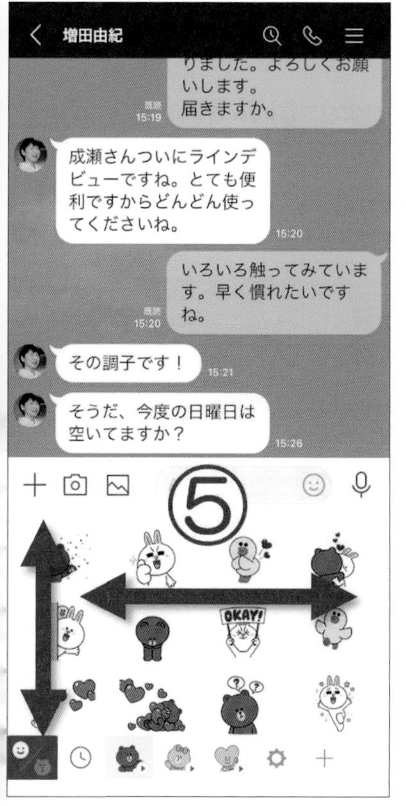

⑧ 大きくなったスタンプをタップすると、そのまま送信されます。

2 スタンプと絵文字の切り替え

文字と一緒に使えるのが**絵文字**です。スタンプとは違い、入力する文字とほぼ同じ大きさです。スタンプと絵文字は、画面左下のボタンで切り替えます。

① 左下の をタップします。
② 絵文字一覧が表示されます。絵文字もスタンプと同様に上下左右に動かすと、ほかの絵文字が見られます。大きな文字のスタンプ「でか文字」もあります。
③ ［利用可能な絵文字があります。ダウンロードしますか？］と表示されたら、［ダウンロード］をタップします。

④ 絵文字と文字は一緒に使うことができます。
⑤ 文字を入力する時は、入力欄をタップします。
⑥ 絵文字を１つ単体で送ると、スタンプのように大きく送れます。

⑦ ひらがなを入力した時に表示される「でか文字」を１つ単体で送ると、大きな文字として送ることができます。

⑧ をタップすると、スタンプの表示に切り替えることができます。

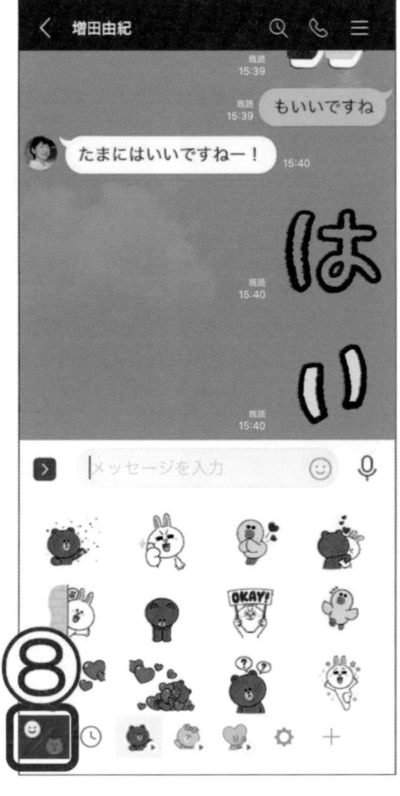

絵文字やでか文字を 1 つだけ送れば、スタンプのように使えますね。

レッスン 4　無料通話の利用

LINE はメッセージやスタンプ、写真のやり取りだけでなく、電話のように使うこともできます。電話をかける時は、「03」や「090」で始まる「電話番号」を使って電話をかけます。一般的に「電話」といわれているものは音声通話といいます。
一方、文字や画像データを送るのと同じように、インターネットで音声をやり取りするサービスを**インターネット電話**といいます。LINE の無料通話は、このインターネット電話になります。同じサービスを使っている者同士、つまり「LINE の友だち」同士なら、**無料通話**ができます。また、LINE の**ビデオ通話**で、お互いの顔を見ながらしゃべることもできます。

1　友だちリストから選択した相手との無料通話

LINE の友だちと無料通話を試してみましょう。
LINE　は、音声だけでなく、ビデオ通話もできます。無料通話中に、いつでもビデオ通話に切り替えることができます。

① [ホーム] の [友だち] をタップします。
②友だちリストから、無料通話をする相手を選択します。
③ [無料通話] をタップします。相手に発信されます。
④通話の最中は、画面に相手の名前と通話時間が表示されます。
⑤通話を終える時は をタップします。

LINE の友だちから無料通話がかかってきたら、次のようにします。

①無料通話の着信があると、次のような画面になります。
ロック画面でスマートフォンの画面が暗くなっている時は［スライドで応答］を右へ動かすと、通話ができます。
それ以外の時は ［応答］をタップすると、通話ができます。

②**Android** は をタップすると、通話ができます。

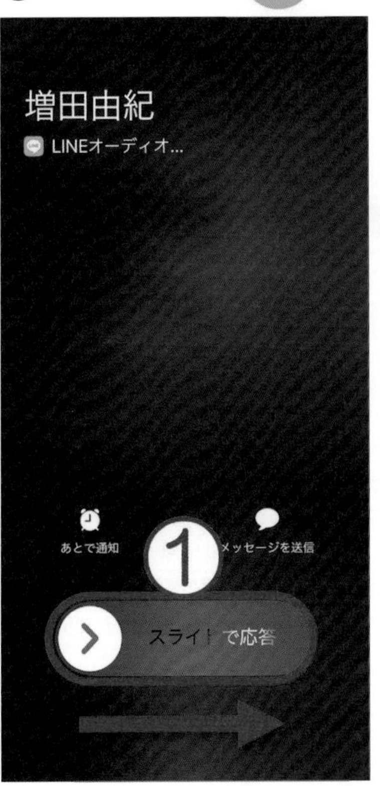

LINE の無料通話は電話番号でかける電話と違って、インターネットを利用した電話です。
そのため、通信状態が安定していないところでは、しゃべっている内容が遅れて届いたり、途切れたりすることもあります。

2 トークルームの相手との無料通話

メッセージをやり取りしている最中でも、無料通話に切り替えることができます。

① [トーク] をタップし、メッセージを送りたい相手をタップします。

② をタップします。

③ [無料通話] をタップします。

④相手に発信されます。通話の最中は、画面に相手の名前と通話時間が表示されます。
⑤通話を終える時は をタップします。

文字でのやり取りでは説明しにくい内容の場合や、話した方が早いという時に、LINE の無料電話を使ってみるとよいでしょう。

3 ビデオ通話の利用

LINE の**ビデオ通話**にはカメラが使われます。［カメラをオンにしますか？］と画面に表示されたら［オン］をタップします。ビデオ通話にするには、次の方法があります。

①友だちリストの場合、友だちを選択して  ［ビデオ通話］をタップします。

②トークルームの場合、トークを選択して をタップし ［ビデオ通話］をタップします。

■ビデオ通話の着信

①ビデオ通話の着信があると、次のような画面になります。 ［応答］をタップします。

Android は をタップします。

②ビデオ通話がつながると、相手の顔と自分の顔が表示されます。顔を見ながらしゃべれます。

LINE を使えばテレビ電話も簡単にできます。頼まれた買い物の途中で、品物を見せてあげたり、旅行先から風景を見せてあげたりすることもできますね。

■ビデオ通話の終了

ビデオ通話を終了したい時は、 をタップします。ビデオ通話が終了します。
表示されていない時は画面を軽くタップすると、 が表示されます。

レッスン 5　友だちの管理

LINE の初期設定では、スマートフォンに保存されている連絡先をもとにして、自動的に友だちが追加されてしまいます。
自動的に追加されてしまった相手でも、**非表示**や**ブロック**というメニューを利用して、LINE の友だちを管理することができます。

1　非表示とブロックの違い

「友だちの非表示」は、自分の LINE に相手を「表示しない」という意味です。相手が友だちリストから見えなくなるだけなので、友だちをやめたわけではありません。非表示にした相手からのメッセージは届きます。
「友だちのブロック」は、相手とのつながりを「遮断」している状態です。ブロックした相手からのメッセージは届きません。
友だちはいきなり削除することはできません。削除の前に非表示、またはブロックという操作をします。**「友だちの削除」**は友だちをやめることです。削除の際は慎重に判断して操作しましょう。友だちを削除すると、もう一度友だちにならない限りは、友だちリストに戻すことはできません。
この操作をしたことが相手にわかるかどうかが気になるところですが、非表示、ブロック、そして削除を行っても、友だちにはまったくわかりません。非表示、ブロック、削除されたという通知なども相手には届きません。

	非表示にした場合	ブロックした場合	削除した場合
相手からのメッセージ	届く	届かない	届かない
友だちリストに戻す	できる	できる	できない

2　友だちの非表示またはブロック

友だちの非表示やブロックは［ホーム］の友だちリストから行います。
友だちを非表示にすると、その友だちは友だちリストから見えなくなります。
友だちをブロックすると、相手とのやり取りが一切できなくなります。友だちをブロックしたことは相手にはわかりません。
企業などから頻繁にメッセージが届き、煩わしさを感じる場合も、友だちをブロックするのと同様の手順でブロックします。ただし、［トーク］で同じ操作をしても、友だちをブロックすることはできません。

① [ホーム] の [友だち] をタップします。

② 企業などからのメッセージを受け取りたくない時は、[公式アカウント] をタップし、公式アカウントを表示します。

③ [友だち] に表示される友だちリスト、または [公式アカウント] に表示される公式アカウント一覧で、非表示またはブロックしたいものをゆっくり左に動かします。
Android は非表示またはブロックしたいものを長押しします。

④ [非表示] または [ブロック] をタップします（ここでは [ブロック] をタップしています）。

⑤ [XXXXX をブロックしますか？] と表示されます。[ブロック] をタップします。

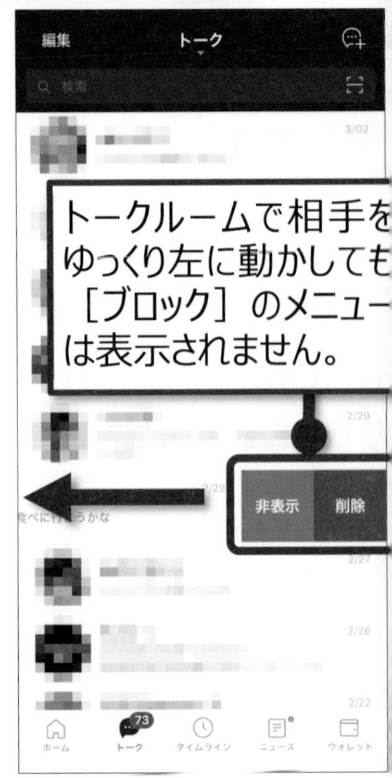

3 ブロックの解除と削除

非表示またはブロックした友だちはそれぞれ **[非表示リスト]** **[ブロックリスト]** で確認できます。友だちが非表示リスト、ブロックリストに表示されている間は、いつでも復活させることができます。
友だちから「メッセージを送っているのに、返信がないけれど」と言われた時は、間違ってブロックしてしまっている場合があります。ここではブロックリストにいる友だちを解除する手順を説明します。

	非表示リストにいる相手
相手からのメッセージ	届く
再表示した場合	友だちリストに戻る
削除した場合	友だちから削除される 復活できない

	ブロックリストにいる相手
相手からのメッセージ	届かない
ブロック解除した場合	友だちリストに戻る
削除した場合	友だちから削除される 復活できない

① [ホーム] の [設定] をタップします。
② [友だち] をタップします。
③ [ブロックリスト] をタップします。

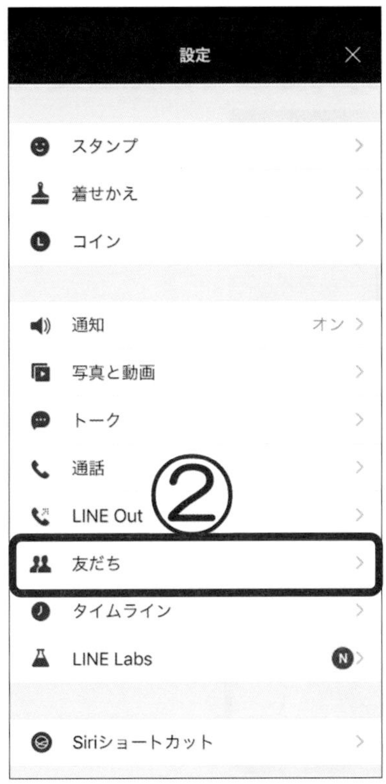

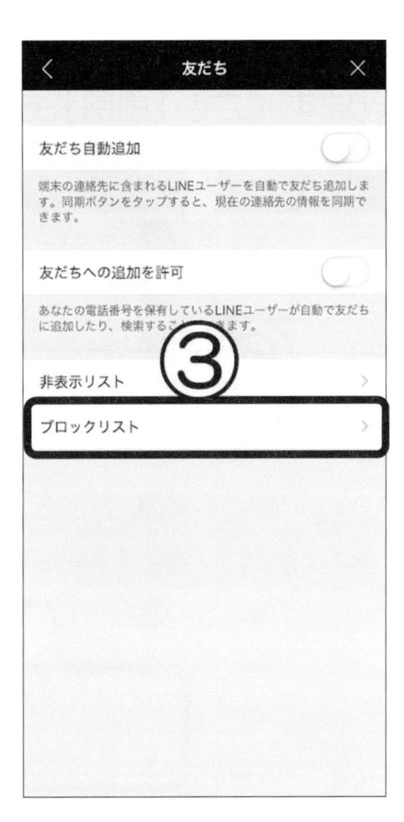

④ 友だちリストに戻したい相手をタップし、［ブロック解除］をタップします。
Android は［編集］をタップし、［ブロック解除］をタップします。
ここで［削除］をタップしてしまうと、その友だちは完全に削除されます。削除した友だちは、元に戻すことができません。

⑤［選択したアカウントのブロックを解除しますか？］と表示されます。［ブロック解除］をタップします。選んだ相手は友だちリストに戻ります。

⑥［非表示リスト］の場合、相手の欄にある［編集］をタップします。

⑦［削除］［再表示］と表示されます。［再表示］をタップすると、選んだ相手は友だちリストに戻ります。ここで［削除］をタップすると、その友だちを元に戻すことはできません。

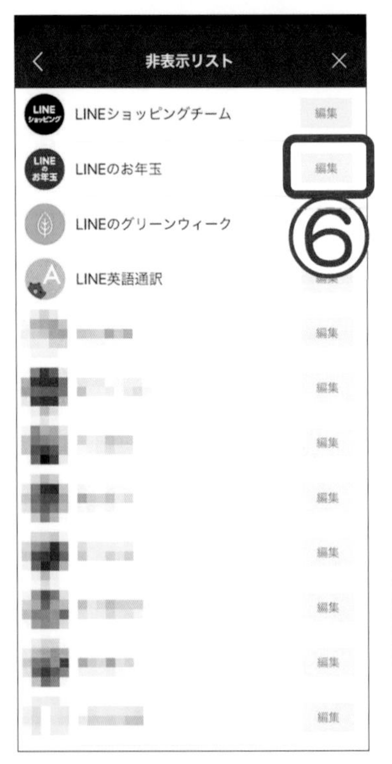

第３章

写真、動画、アルバムを送ろう

レッスン 1　写真や動画を送る

スマートフォンは今や一番身近なカメラです。日常風景をすばやく簡単に撮影できます。また思い出に残しておきたい動画も簡単に撮れます。スマートフォンで撮影した写真や動画は、そのまま LINE で家族や友だちなどに送って見せることができます。写真を送るのに LINE を利用する人がとても多い理由は、この気軽さにあります。

1　撮影した写真を送る

スマートフォンで撮影した写真は、LINE で簡単に送れます。家族や友だちに見せたい写真を、メッセージとともに送ってみましょう。
LINE で送る写真はサイズが自動で圧縮（画質を調整してデータのサイズを小さくした状態の写真）される仕組みとなっていますが、［ORIGINAL］をタップしてオリジナルサイズ（圧縮されない元の画質を保った状態の写真）で送る方法もあります。

① 写真を送りたい相手のトークルームを表示し、[画像アイコン] をタップします。[画像アイコン] が表示されていない時は [>] をタップします。
② 写真が新しい順に表示されます。
③ [一覧アイコン] をタップすると、写真一覧が表示されます。

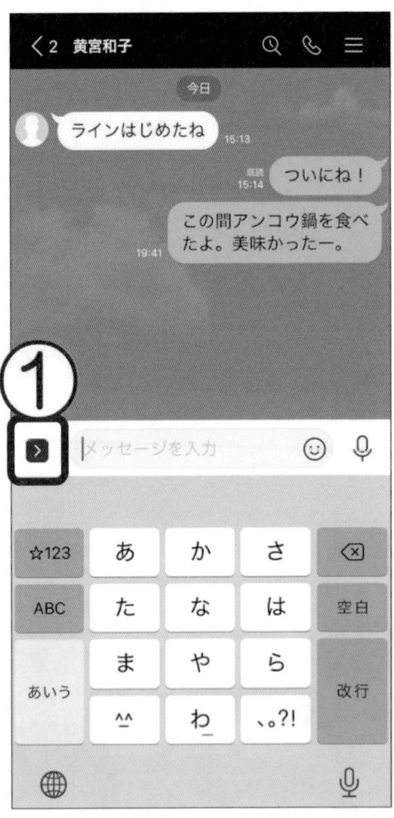

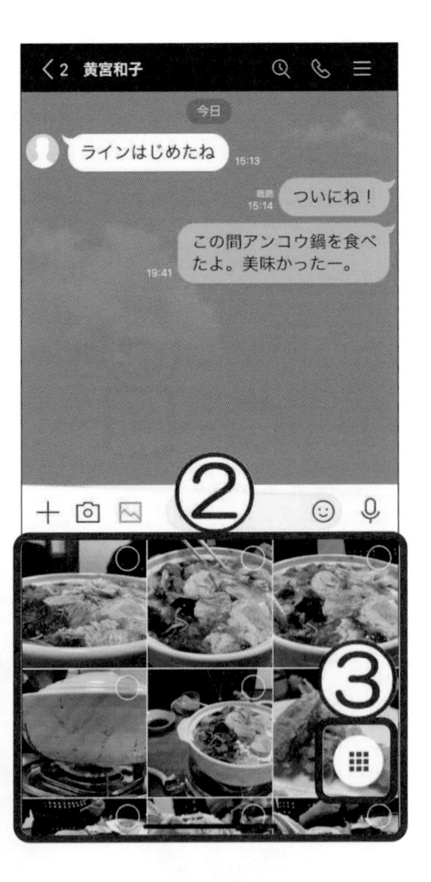

④ 送りたい写真の右上にある ○ をタップします。
⑤ 写真の ○ 以外の場所をタップすると、写真が大きく表示されます。
⑥ 写真を選択したら、 [送信] をタップします。
⑦ 写真を送る時に [ORIGINAL] をタップしてから [送信] をタップすると、写真をオリジナルサイズのまま送ることができます。
⑧ トークルームに写真が投稿されます。

ワンポイント 複数の写真をまとめて送る

真を 1 枚ずつ何回も送ると、トークルームが写真で埋まってしまいます。
真を選択する時に、写真
右上の ○ をタップすれ
、続けて複数枚を選択し
送ることができます。
をタップして送ると、10 枚
でがひとまとまりとなってトー
ルームに送信されます。
真をまとめて送りたい場合
、10 枚ずつ選択して送る
、アルバム（P62 参照）
利用します。

2 撮影した動画を送る

動画はデータの容量が大きいので、インターネットへの接続がよくない場所だと、うまく送れないことがあります。動画は長さを調整することで、容量を小さくして送ることができます。

① 動画を送りたい相手のトークルームを表示し、[画像アイコン] をタップします。[画像アイコン] が表示されていない時は [>] をタップします。

② [アイコン] をタップします。

③ ビデオマークや ▶ が表示されているものが動画です。送りたい動画の右上の ○ をタップします。

④ [送信] をタップします。

⑤ トークルームに動画が投稿されます。

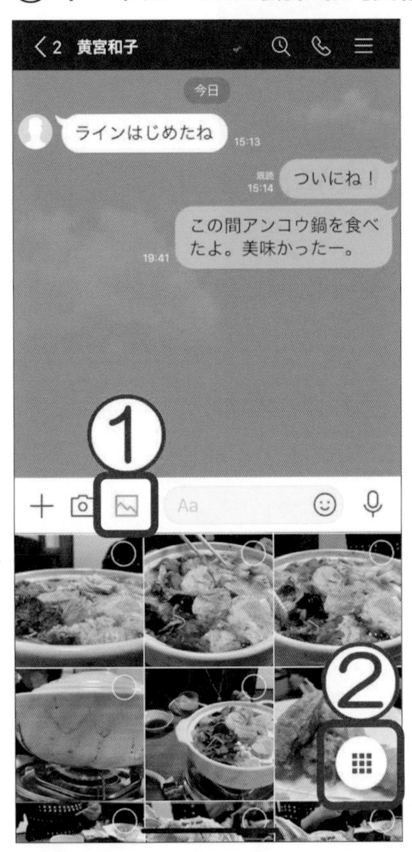

ワンポイント LINE で送れる動画は 5 分まで

動画が長すぎてデータの容量が大きいと LINE では送信できません。iPhone は、［最大 5 分まで送信できます。］と表示されます。Android は、[送信アイコン] をタップすると、自動的に動画の最初から 5 分までに短縮されて送信されます。

5 分以上ある動画の場合、iPhone は次のようにしてどこを短くするか自分で決めてから送信できます。

① 画面上にある ✂ をタップします。
② 動画の枠（白）の前後を動かしてビデオを短くします。
③ ［完了］をタップします。
④ ▶［送信］をタップします。

3 送られてきた写真や動画を見る

ークルームに投稿された写真はタップすると大きく表示され、動画は再生されます。

① 送られてきた写真や動画をタップします。
② 写真は大きく表示されます。動画は自動的に再生されます。動画はスマートフォンを横にすると大きく表示されます。
③ 写真や動画を見終わったら［×］（**Android** は［<］）をタップして、写真や動画を閉じます。

トークで送った写真や動画は、一定期間の保存期限がありますが、それを過ぎるとデータがなくなって、あとから見ることができなくなります。
ただし、送られた写真や動画をタップして、一度でも大きく表示しておけば、一定時間が経過しても、あとから見ることができます。

4 写真や動画の転送

自分に送られてきた写真や動画は、別の友だちなどに送ることができます。これを**転送**といいます。

① 送られてきた写真や動画の右にある （**Android** は ）をタップします。
② 転送したい相手を選択します。転送したい相手が表示されていない時は［もっと見る］をタップします。
③ 転送したい相手を選択したら、［転送］をタップします。

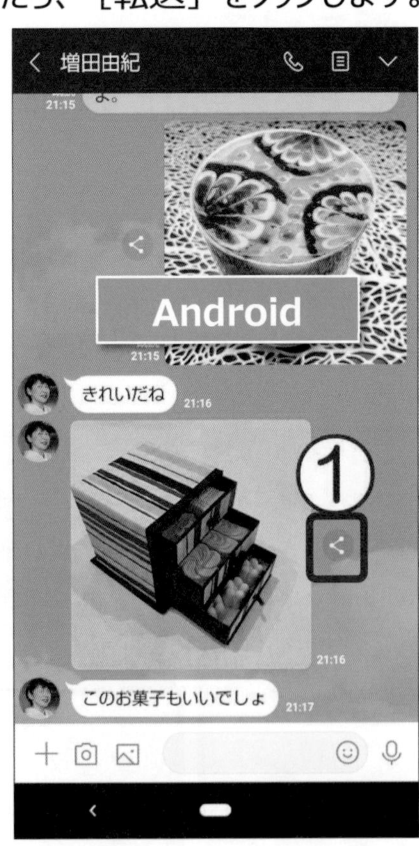

5 スマートフォン本体への写真や動画の保存

ークルームは新しい投稿されると、古い内容は上へ隠れてしまい、見えなくなります。
写真や動画などがたくさん送られてくると、どのトークのどこにあったか、探すのに時間がかかることがあります。いつでも見返したい写真や動画は、スマートフォン本体に保存しておくとよいでしょう。
LINE で送られてきた写真や動画をスマートフォンに保存しておけば、いつでも好きな時に見ることができます。また、待ち受け画像にしたり、メールで別の人に送ったり、ほかのアプリで利用したりできます。

1) 保存したい写真や動画をタップします。
2) をタップします。［保存しました］と表示され、スマートフォン本体に保存されます。Android は、画質によっては［オリジナル］［標準］と表示される場合があります。その場合は［オリジナル］をタップします。
3) ［×］（Android は［＜］）をタップして、トークルームに戻ります。

レッスン 2　アルバムを送る

LINE で便利なのは、メッセージと一緒に送れる写真ですが、見せたい写真がたくさんある時は、**アルバム**を使ってみましょう。
アルバムを使えば、たくさんの写真をひとまとめにしてスマートに送ることができます。

1　アルバムを作成して送る

トークルームに 1 枚ずつ写真を送ると、トークルームがどんどん写真で埋まってしまい、画面を何度も上下に動かさないと、見たい写真が探せません。
その点、アルバムならたくさんの写真をまとめて送ることができます。
アルバムには写真を一度に 100 枚まで追加できます。追加を繰り返せば全部で 1,000 枚の写真が追加できます。また、アルバムで写真を送った場合、あとから見ても写真が削除されてしまうことはありません。トークルームに写真を長期間保存しておきたい時には、アルバムを使うとよいでしょう。

▼写真を 1 枚ずつ送った場合

▼アルバムにして投稿した場合

1 つのトークルームごとに **100 個のアルバム**が作成できます。

1 つのアルバムには合計で **1,000 枚**の写真が保存できます。

アルバムで送信した写真には、**保存期間の制限はありません。**

アルバムには**動画は追加できません。**

① アルバムを送りたい相手のトークルームを表示して 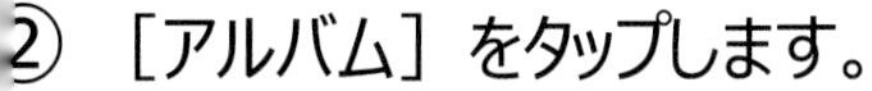（Android は ）をタップします。
② ［アルバム］をタップします。

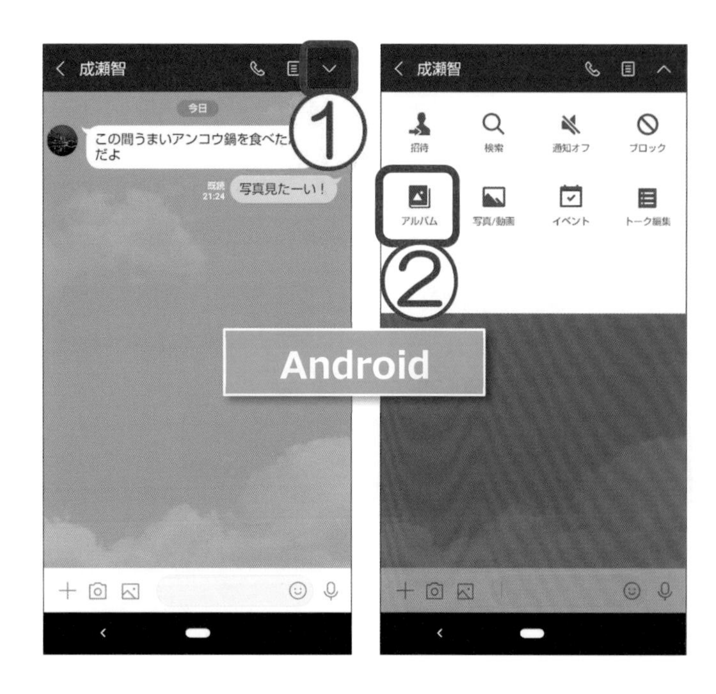

③ ＋ をタップします。
④ 写真の右上の ○ をタップすると、複数枚を同時に選択できます。
何枚もの写真を同時に選択する時は、写真の右上の ○ をタップします。
写真が大きく表示されたら［＜］をタップして、写真一覧に戻ります。
Android は［＜］や ◀ 、 をタップして写真一覧に戻ります。
⑤ ［次へ］をタップします。
⑥ 50 文字以内でアルバム名を入力します。既にあるアルバムと同じ名前は使えません。
⑦ ［作成］をタップします。しばらくするとアルバムが作成されます。

⑧ ［×］をタップして、［＜］をタップします。Android は［＜］を 1 度だけタップします。
⑨ トークルームに戻ります。［アルバムを作成しました］とメッセージが表示され、アルバムがトークルームに投稿されます。

■アルバムが送られてきた場合

① ［アルバムを作成しました］とメッセージが送られてきます。写真をタップします。
② 写真と枚数が表示されます。1 枚タップします。
③ 写真が大きく表示されます。写真を左右に動かすと前後の写真が表示されます。

2 アルバムへの写真の追加

アルバムにはあとから写真を追加することができます。また、自分が作成したアルバムに、友だちが写真を追加することや、相手の作成したアルバムに、自分が写真を追加することもできます。
例えば、旅行へ行った時など、自分の撮っていない写真を相手が持っていることがあります。このような時にお互いにアルバムに写真が追加できるので、いつでも共通のアルバムで写真を楽しむことができます。1つのアルバムには1,000枚の写真が収められるので、旅行やイベントなどの写真をまとめる場合にとても便利です。

① トークルームのアルバムをタップします。
② ＋ をタップします。
③ アルバムに追加したい写真をタップします。
④ 選択した写真の枚数が表示されます。［次へ］をタップします。

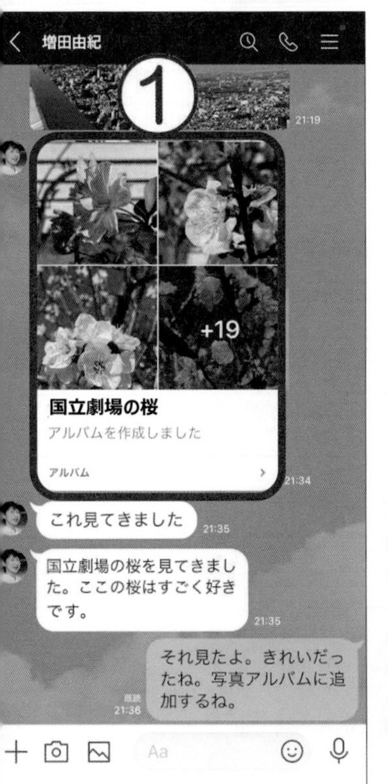

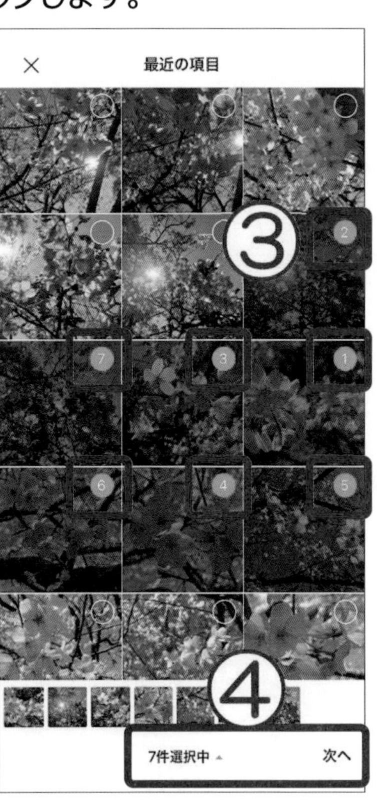

⑤ 追加した写真が表示されます。
［追加］をタップします。
⑥ ［＜］をタップします。
アルバムが表示されます。

3 アルバムのすべての写真の保存

写真を 1 枚ずつ保存する方法は P61 の通りですが、アルバムで送られたたくさんの写真を、1 枚ずつ何回も保存するのは大変です。**アルバムの写真は一度に全部保存**することができます。写真をスマートフォン本体に保存することを、**アルバムのダウンロード**といいます。

①トークルームのアルバムをタップします。

② ⋮ をタップします。

③ ［アルバムをダウンロード］をタップします。

④ ［アルバムをダウンロードしています］と表示されます。アルバムの写真がすべてスマートフォン本体に保存されます。

⑤ ［<］をタップして、トークルームに戻ります。

レッスン 3　位置情報やボイスメッセージを送る

LINE で送れるのは、文字や写真・動画だけではありません。自分のいる位置を送れば待ち合わせなどの時に便利です。また声をメッセージとして送ることもできます。

1　位置情報を送る

マートフォンの GPS 機能がオンになっていれば、現在地が自動的に検出されて、自分の現在い場所の住所が表示されます。**位置情報**は待ち合わせの時に使ったり、人とはぐれてしまった時どにも利用できます。緊急時には自分の居場所を簡単に知らせることができます。また、地図をかして指定した位置情報を送ることもできます。

) 位置情報を送りたい相手のトークルームを表示して、［＋］をタップします。

) [位置情報] をタップします。

) 地図上に現在地が表示されます。［この位置を送信］をタップすると現在地が送信されます。

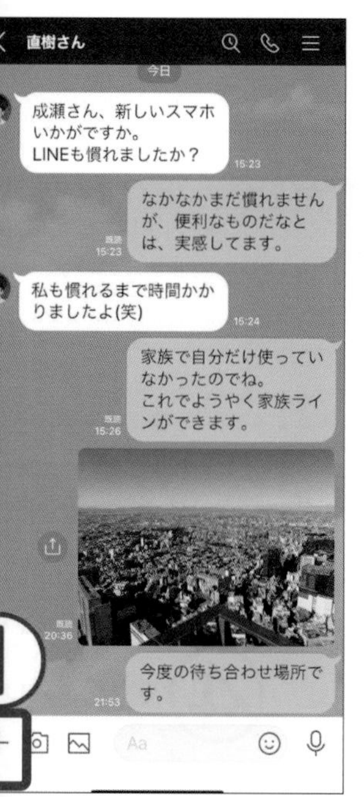

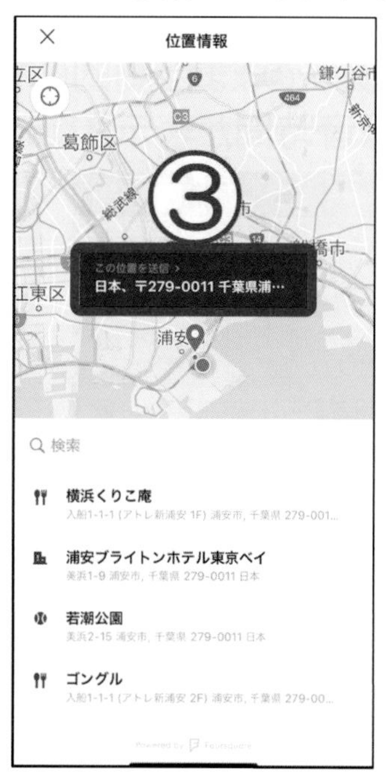

) 特定の場所を送信したい時は、地図を指で広げ、地図を動かして、送信したい場所を中央の に合わせます。

) 位置を調整したら、［この位置を送信］をタップします。

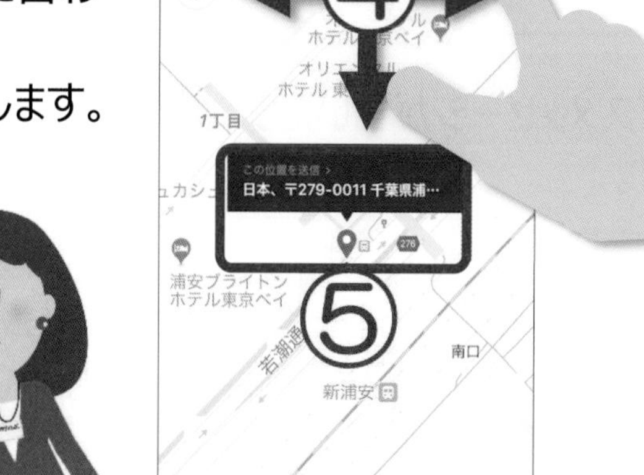

動かすのは地図の方です。
中央の は動きませんよ。

■位置情報を受け取った場合

① トークルームに地図が表示されます。タップすると、地図が大きく表示されます。地図は 2 本の指で広げて拡大します。

② 場所を確認したら、［×］（**Android** は［＜］）をタップして、トークルームに戻ります。

2　ボイスメッセージを送る

表示されたマイクを長押しすると、**ボイスメッセージ**が録音できます。指を離すと録音が完了し、そのまま送信されます。録音が終わるまではずっとマイクを押したままにしておきます。
録音時間は最長 3 分です。マイクから指を離すと、すぐにボイスメッセージが送信されてしまうので話す内容を決めてからマイクを押すようにしましょう。

① ボイスメッセージを送る相手のトークルームを表示して、 をタップします。
② ボイスメッセージのマイクが表示されます。
③ マイクを指で押している間だけ音声が録音できます。録音中はマイクの周りが赤くなり、録音時間が表示されます。
④ 指を離すと録音が完了し、そのまま自動的にボイスメッセージが投稿されます。
⑤ 送った音声には ▶ と録音時間が表示されます。

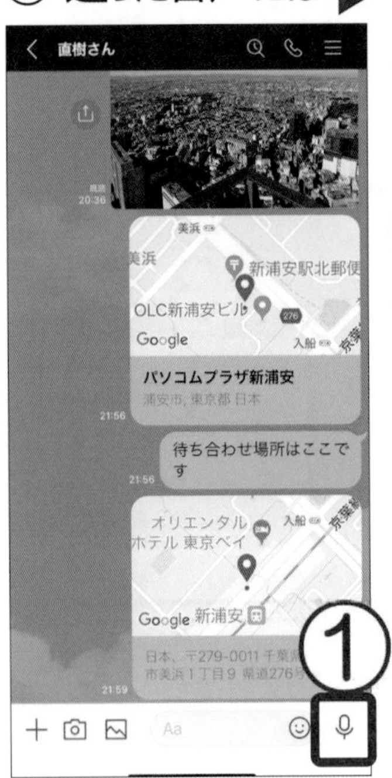

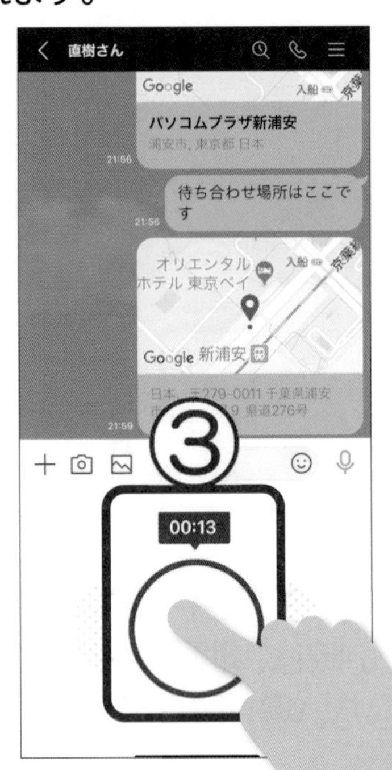

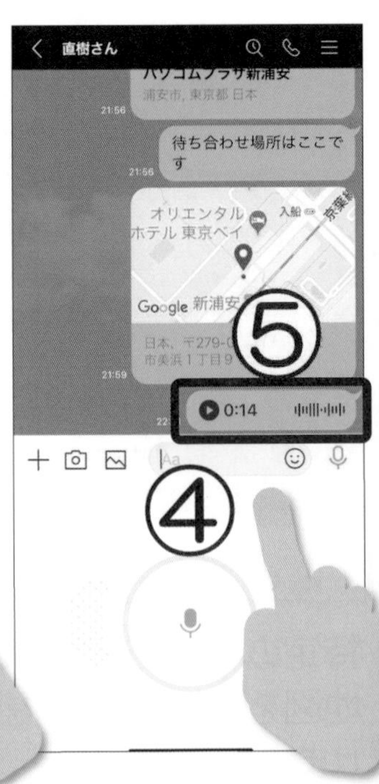

⑥ ボイスメッセージが届いたら、 をタップして再生します。メッセージは何度でも聞くことができます。

ボイスメッセージを使えば、「ありがとう」など、声で伝えたいメッセージが送れますね。お祝いの「おめでとう！」、励ましの「頑張って」、赤ちゃんの初めてのおしゃべり、歌声や鳴き声など、相手に聞かせたい「声」や「音」を届けることができます。送られた相手には思わぬサプライズとなるでしょう。

第4章

スタンプをもっと楽しんでみよう

レッスン 1　スタンプの増やし方

トークルームを楽しく彩る**スタンプ**は、とても多くの種類があります。表現力豊かなスタンプはLINE の特徴といってもよいでしょう。
スタンプには無料と有料のものがあります。また、有料スタンプには**公式スタンプ**と、LINE の審査を通過した自作スタンプである**クリエイターズスタンプ**というものがあります。スタンプには動くものや、しゃべるものなどもあります。

1　スタンプの種類について

スタンプの種類は次の通りです。いずれも LINE の中の**スタンプショップ**、または **LINE STORE（ラインストア）**と呼ばれるインターネット上のお店から入手します。ここでは LINE のスタンプショップを使います。無料で手に入るスタンプの中には、有効期間が設定されているものがあります。

	種類	有効期間
無料	最初から用意されているスタンプ	なし
	［友だち追加］で利用できるスタンプ	あり
有料	公式スタンプ	なし
	クリエイターズスタンプ	

最初は無料スタンプから
試してみましょう。

2　スタンプショップからの入手

たくさんのスタンプの中から探すには、LINE の**スタンプショップ**を使うとよいでしょう。有料や無料、人気順やキーワードで探すことができます。スタンプは次々と新作が増えていきます。季節、イベント、流行に合わせたスタンプも登場します。また、企業の LINE を「友だち」として追加すると、無料でスタンプが手に入るキャンペーンなどもあります。
スタンプショップの表示方法はいくつかあります。

■トークルームからスタンプショップを表示する場合

① トークルームの入力欄の ☺ をタップします。
② スタンプの種類を左に動かし、絵柄の一番最後にある［＋］をタップします。
③ スタンプショップが表示されます。

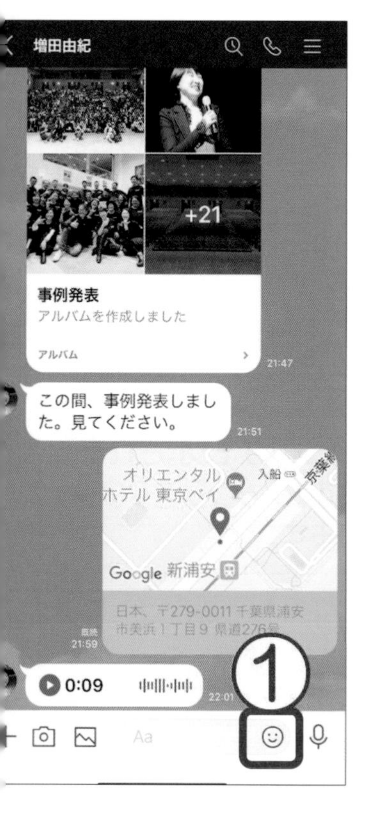

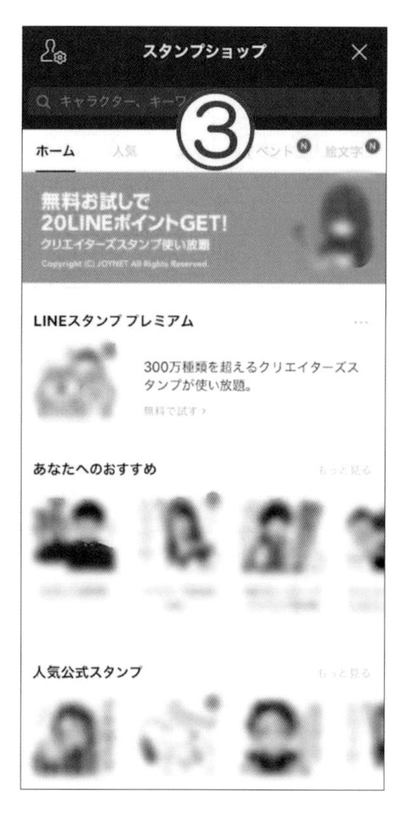

[ホーム] からスタンプショップを表示する場合

) [ホーム] をタップし、 [スタンプ] をタップします。友だちリストが表示されている時は、画面を上に動かして [スタンプ] をタップします。
Android は [スタンプ] をタップし、画面を上に動かして [スタンプショップへ] をタップします。
) スタンプショップが表示されます。

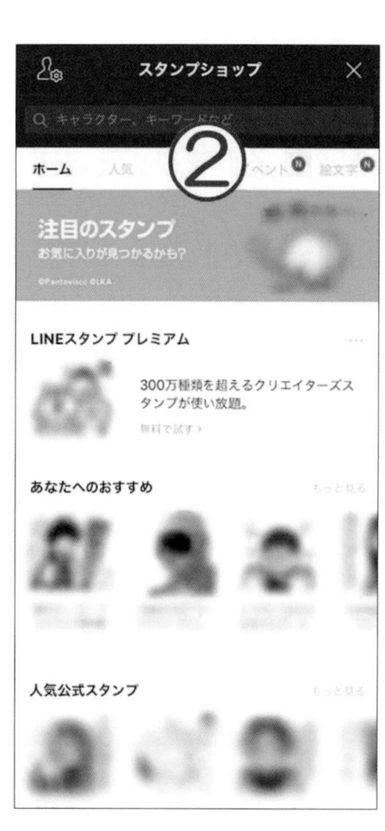

スタンプショップの画面の上部には、次のようなメニューが表示されます。

ホーム	スタンプショップの最初の画面です。画面を上下左右に動かすと、ほかのさまざまなスタンプが見られます。
人気	タップすると、スタンプが人気順に表示されます。［公式］［クリエイターズ］をタップすると、それぞれのランキングが表示されます。
新着	タップすると、新作のスタンプが表示されます。［公式］［クリエイターズ］をタップすると、それぞれの新作が表示されます。
イベント	タップすると、友だち追加することで無料で入手できるスタンプが表示されます。ほとんどのスタンプには、有効期間が設定されています。スタンプをダウンロードしてあっても、その期間を過ぎると利用できなくなります。
絵文字	タップすると、絵文字が表示されます。
カテゴリー	タップするとカテゴリー一覧が表示され、カテゴリーごとでスタンプを探せます。

3 ［イベント］を利用した無料スタンプの入手

スタンプショップ内で「無料」と表示されているスタンプは、無料で入手できます。
企業やショップなどで LINE の公式アカウントを持っているところがあり、公式アカウントを友だちに追加すると、無料でスタンプが入手できるサービスがあります。
友だち追加をする以外に、動画を見る、アプリを追加するなど、一定の条件をクリアするとスタンプが入手できる場合もあります。
スタンプショップを表示した時に、スタンプ使い放題の［無料体験を試す］の画面が表示されたら［閉じる］をタップします。また、［いつでも LINE クレジット還元］などの宣伝画面が表示されたら［×］をタップします。

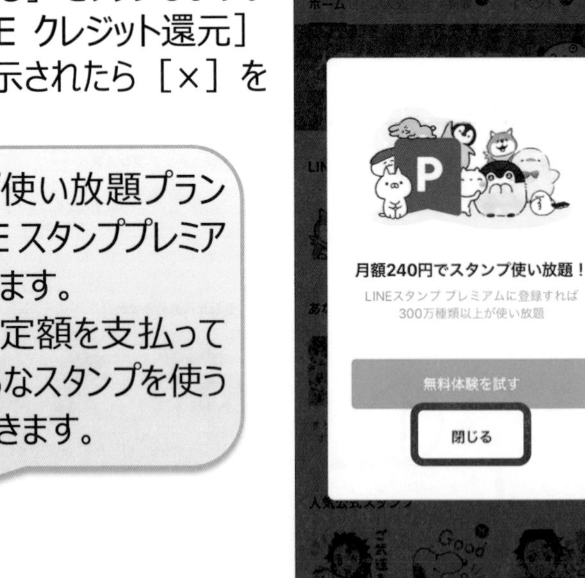

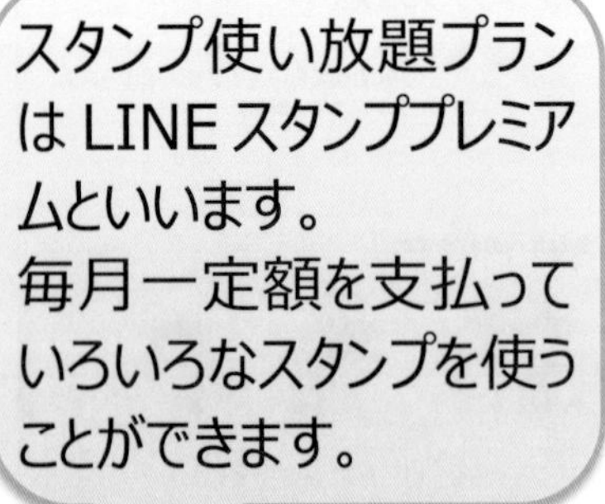

① スタンプショップの［イベント］をタップします（赤丸は新着情報があることを示しています）。
② 使いたい無料スタンプを見つけてタップします。
③ 配布期間や有効期間などを確認し、［友だち追加］をタップします。

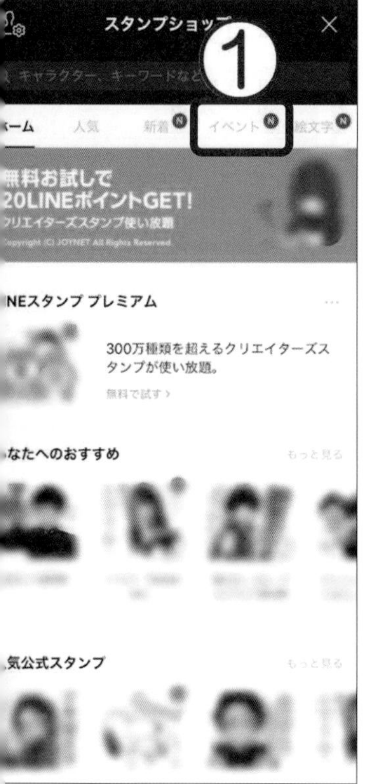

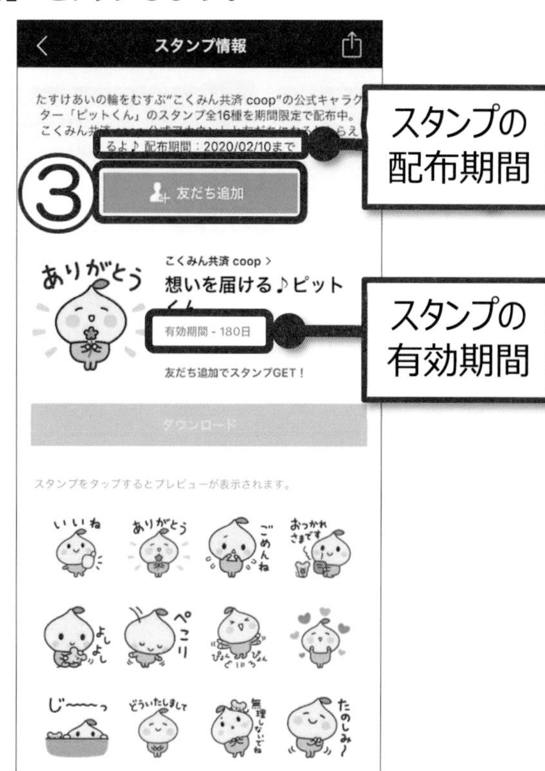

④ ［追加］をタップします。［追加］が［トーク］に変わります。
⑤ ［×］（Android はスマートフォン本体の［＜］や など）をタップします。
⑥ ［ダウンロード］をタップします。

⑦ ［確認］をタップします。
⑧ ［＜］をタップします。スタンプショップに戻ります。
⑨ ［×］（Android はスマートフォン本体の［＜］や など）をタップします。
⑩ トークルームの入力欄の をタップし、スタンプが追加されていることを確認します。

4 友だちが送ってきたスタンプの入手

友だちが送ってきたスタンプが気に入った場合でも、そのスタンプの名前や種類がわからないと、同じものをスタンプショップで探すのに時間がかかります。このような時はスタンプを長めに押すと、該当のスタンプのスタンプショップがすぐに表示されるので、探す手間を省くことできます。

① 送られてきたスタンプを長めに押します。
② ［ショップ］（Android は［ショップで確認］）をタップします。
　［無料体験を試す］の画面などが表示されたら、［閉じる］をタップします。

③ 配布期間や有効期間などを確認し、［友だち追加］をタップします。
④ [追加アイコン]［追加］をタップします。[追加アイコン]［追加］が[トークアイコン]［トーク］に変わります。
⑤ ［×］（Android はスマートフォン本体の［<］や[戻るアイコン]など）をタップします。

⑥ ［ダウンロード］をタップします。
⑦ ［確認］をタップします。
⑧ ［×］（Android はスマートフォン本体の［<］や[戻るアイコン]など）をタップします。
⑨ トークルームの入力欄の[スタンプアイコン]をタップし、スタンプが追加されていることを確認します。

レッスン 2　有料スタンプの購入

有料スタンプを購入すると、有効期間なくスタンプを利用できます。
有料スタンプの支払方法は、携帯電話料金との合算やクレジットカード払いのほか、前払い式のプリペイドカードが利用できます。
プリペイドカードなら額面分だけの買い物ができるため、使いすぎを防ぐことができます。ここでは、プリペイドカードを使って LINE のスタンプショップからスタンプを買う方法を紹介します。

1　有料スタンプの見方

有料スタンプには特に有効期間はありません。
スタンプショップのスタンプの価格は、**コイン**という単位で表示されます。
スタンプの 1 つをタップすると、大きく表示されるので、購入する前にスタンプの絵柄を確認できます。

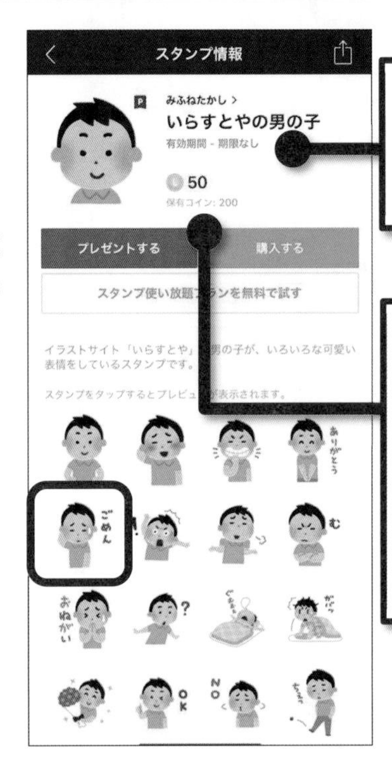

有効期間
有料スタンプの場合、有効期間はありません。

スタンプの価格
スタンプショップではスタンプの価格は「コイン」という単位で表示されます。
50 コイン＝120 円です。
（2020 年 1 月現在）

2　スタンプショップで使えるコインの購入

LINE のスタンプショップでは、有料スタンプは**コイン**で購入します。「コイン」とは、LINE 内で使える仮想の通貨の単位です。このコインを購入することを**「コインをチャージする」**といいます。
コインをチャージするには、次の方法があります。

キャリア決済	毎月の携帯電話料金と合算して支払います。
クレジットカード決済	クレジットカードを登録して支払います。
プリペイドカード決済	コンビニエンスストア、家電量販店、大手スーパーなどで購入できるプリペイドカードを利用して支払います。 プリペイドカードは、iPhone 用には iTunes（アイチューンズ）カード、Android 用には Google Play（グーグルプレイ）カードを使います。

インはチャージする額に応じて、ボーナスがついてきます。
インは 1 コイン＝1 円ではありません（ 1コイン＝2.4 円相当）。
一般的なスタンプは 50 コイン＝120 円、動きのあるスタンプは 100 コイン＝240 円が必要で
 。

▼コイン数と購入可能なスタンプ数の一覧

コイン数	価格（税込）	ボーナスコイン	購入できるスタンプ数（50 コイン）
50 コイン	120 円	0 コイン	1 個
100 コイン	250 円	0 コイン	2 個
150 コイン	370 円	0 コイン	3 個
200 コイン	490 円	0 コイン	4 個
500 コイン	980 円	100 コイン	12 個
800 コイン	1480 円	200 コイン	20 個
1600 コイン	2820 円	400 コイン	40 個
3300 コイン	5740 円	900 コイン	84 個

3 コインの購入（iPhone）

Tunes カード（アイチューンズカード） は、iPhone 用のプリペイドカードです。
Tunes カードは、iPhone にあるアプリ専門店 **App Store（アップストア）** でアプリを購入す
る時に使います。また iPhone で曲を
買ったり映画をレンタルしたりする時にも
利用できます。
Phone で iTunes カードを使ってコイン
を購入する、大まかな流れは次の通り
です。
なお、iTunes カードの利用には、
Apple ID と、**大文字が含まれるパスワード**が必要となります。
ここでは Apple ID とパスワードを把握していることを前提に説明します。

カードの後ろのシールをはがしておきましょう。

■App Store で iTunes カードの登録

手順③の［ギフトカードまたはコードを使う］が表示されていない時は、P79 を参照して、Apple ID の入力を済ませてください。

① ホーム画面の ［App Store］をタップします。
② ［Today］をタップし、 をタップします。
③ ［ギフトカードまたはコードを使う］をタップします。

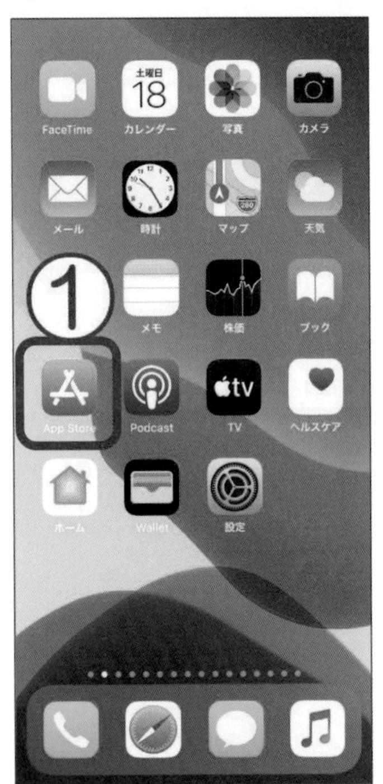

④ ［カメラで読み取る］をタップします。
⑤ iPhone を iTunes カードにかざすと、コードが自動的に読み取られます。
⑥ 額面分が登録されます。［完了］をタップします。

pple ID を入力していなかった場合は、次のように操作します。

① ホーム画面の [App Store] をタップします。
② 左下の [Today] をタップし、右上の をタップします。
③ [Apple ID] と [パスワード] をそれぞれ正確に入力します。パスワードには大文字が含まれます。大文字はキーボードの を押しながら入力します。
④ [サインイン] をタップします。
⑤ [Apple ID パスワード] と表示されたらもう一度パスワードを入力し、[サインイン] をタップします。
⑥ [ギフトカードまたはコードを使う] をタップします（P78 の 手順③以降参照）。

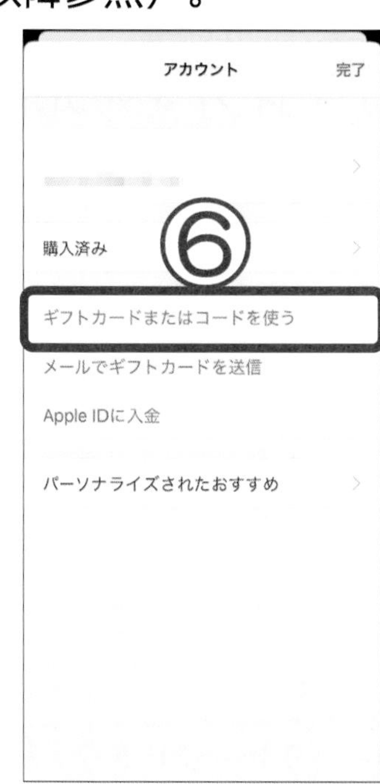

ワンポイント iTunes カードでチャージした金額のその他の利用方法

Tunes カードは LINE のスタンプを購入する以外に、次の用途に使えます。

- iPhone にあるアプリ専門店 **App Store（アップストア）**で有料のアプリを購入。
- 音楽や映画が楽しめる **iTunes Store（アイチューンズストア）**で音楽の購入や映画のレンタル。
- デジタル書籍が楽しめる **ブック**で書籍の購入。

残金が足りない時は P78 の手順で、購入した iTunes カードの額面分を追加することができます。

■LINE の設定でコインのチャージ

プリペイドカードの登録が終わったら、登録した金額の範囲内で LINE のコインをチャージします。**LINE のコインのチャージ**はスタンプ購入中でも行えますが、ここでは［設定］で先にコインをチャージしています。
なお、iTunes カードを使って初めて買い物をする場合、操作の途中で確認や同意の画面、また Apple ID のパスワードを入力する画面が表示されます。画面に従って操作しましょう。

① ホーム画面の  ［LINE］をタップします。
② ［ホーム］の ［設定］をタップします。
③ ［コイン］をタップします。

④ ［チャージ］をタップします。
⑤ チャージするコインの数をタップします。まとめてチャージするほどボーナスが多くなります。

⑥ コインの購入代金が表示されます。

- ホームボタンのないiPhoneはサイドボタンを素早く2回押して、iPhoneに視線を合わせ、顔認証でコインの購入を済ませます。
- ホームボタンのある iPhone はホームボタンに登録した指をのせ、指紋認証でコインの購入を済ませます。
- 顔認証、指紋認証ができなかった場合、画面に表示される［支払い］をタップし、Apple ID のパスワードを正確に入力して［サインイン］をタップします。

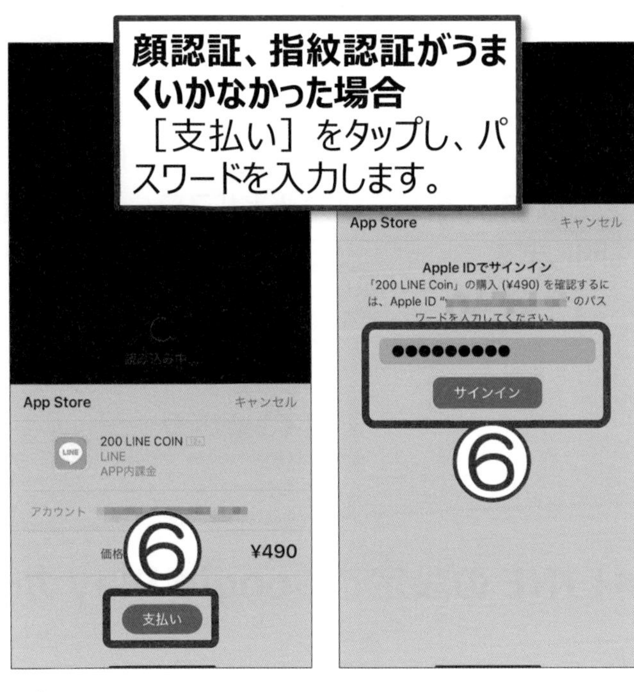

⑦ ［完了しました］と表示されます。［OK］をタップします。
⑧ 保有コインの数を確認します。［×］をタップして、LINE の［ホーム］に戻ります。

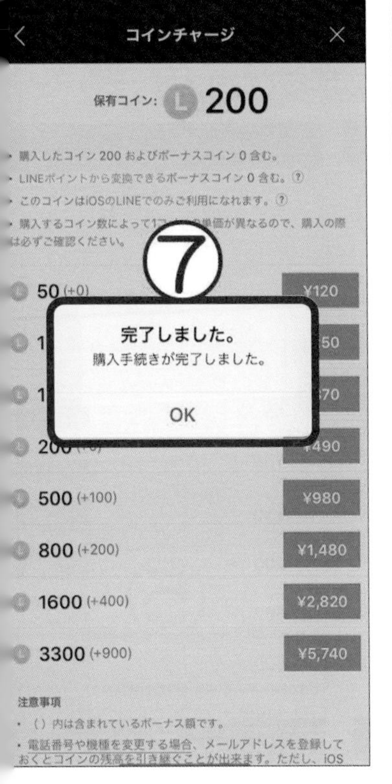

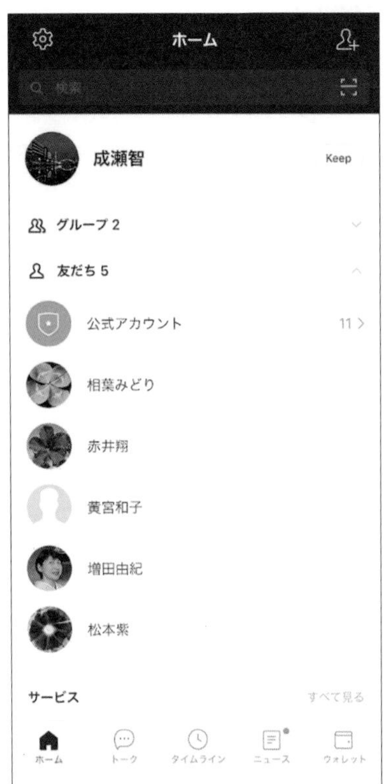

4　コインの購入（Android）

Google Play カード（グーグルプレイカード）は、Android 用のプリペイドカードです。Google Play カードは、Android にあるアプリ専門店 **Play ストア（プレイストア）**でアプリや書籍などを購入したり、映画などをレンタルする時に使います。

Android で Google Play カードを使って LINE コインを購入する、大まかな流れは次の通りです。

なお、Google Play カードの利用には、**Google アカウント**が必要となります。

ここでは Google アカウントとパスワードを把握していることを前提に説明します。

カードの後ろのシールを削っておきましょう。

① **LINE の設定で Google Play カードでコインのチャージ**

② **LINE の スタンプショップで スタンプ購入**

■LINE の設定で Google Play カードでコインのチャージ

① ホーム画面の［LINE］をタップします。

② ［ホーム］の［設定］をタップします。

③ ［コイン］をタップします。

④ ［チャージ］をタップします。

⑤ チャージするコインの数をタップします。まとめてチャージするほどボーナスが多くなります。

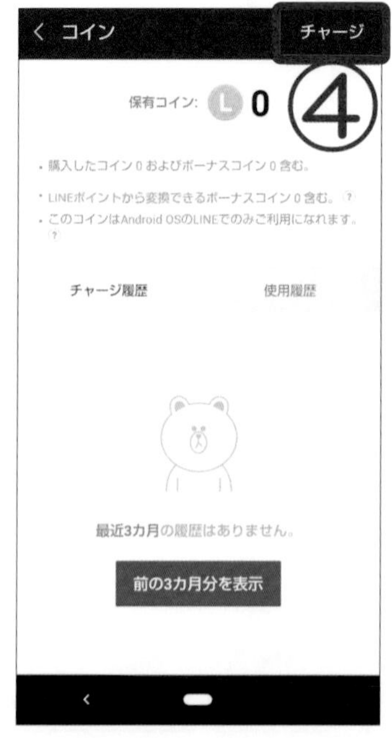

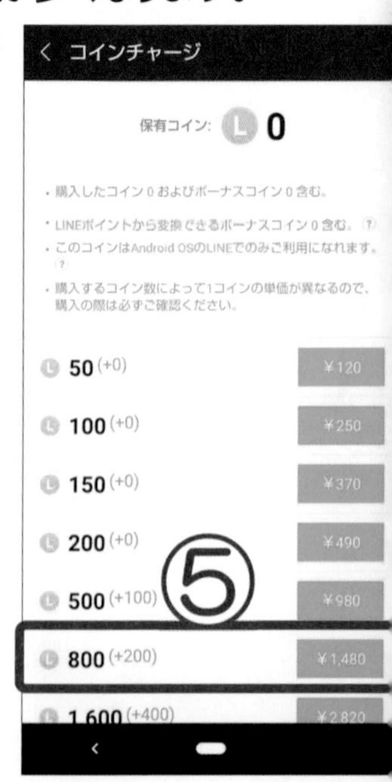

⑥［購入時に￥100 オフ］などが表示されたら［スキップ］をタップします。
⑦［Google Play の残高］をタップします。
⑧ お支払い方法の画面を上に動かし、［コードの利用］をタップします。
⑨［ギフトカードやプロモーションコードの利用］の画面で、Google Play カードの裏面にあるコードを正確に入力し、［コードを利用］をタップします。

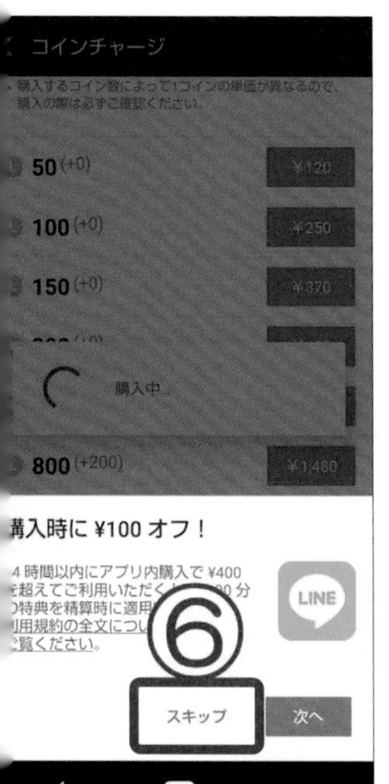

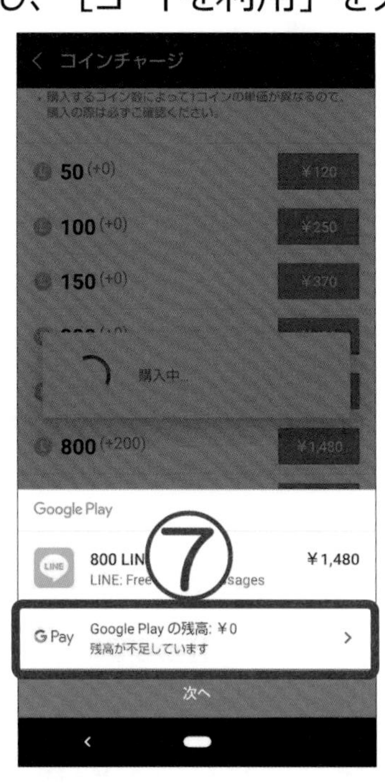

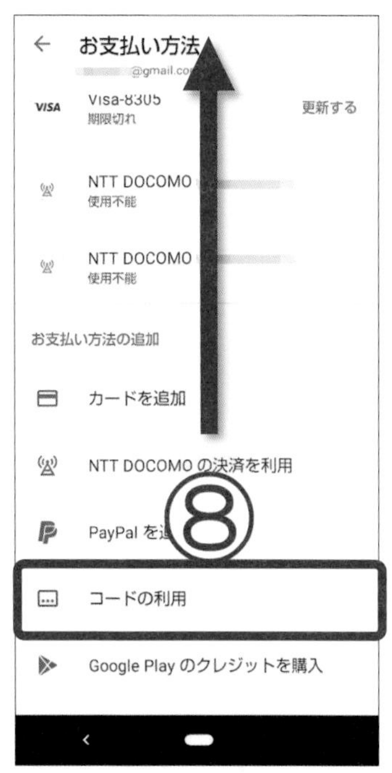

⑩［アカウントの確認］が表示されます。［確認］をタップします。
⑪ 購入金額が表示されます。［購入］をタップします。
⑫ Google アカウントのパスワードを入力し、［確認］をタップします。
⑬［お支払いが完了しました　購入時に認証を要求しますか？］と表示されたら、［常に要求する］［要求しない］のどちらかをタップして［OK］をタップします。
［常に要求する］を選択した場合、毎回パスワードを入力することになります。

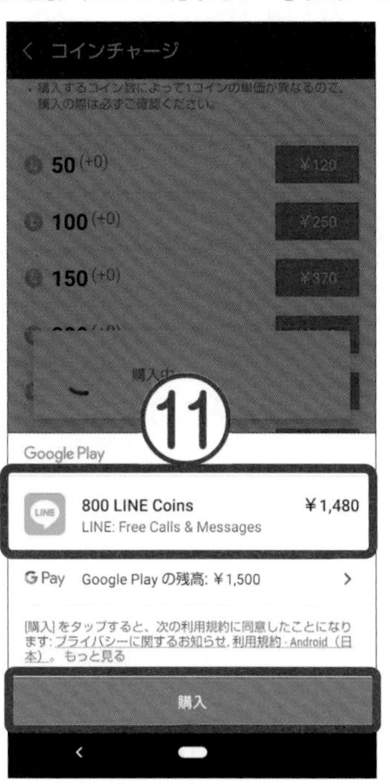

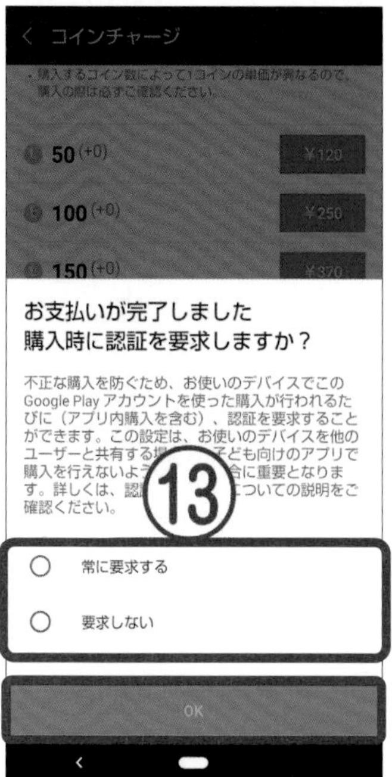

⑭ 保有コインの数を確認します。［<］をタップします。
⑮ ［<］をタップして、LINE の［ホーム］に戻ります。

ワンポイント　プリペイドカードとクレジットカードの使い分け

使うたびにプリペイドカードを登録するのが面倒な場合、クレジットカードを登録してもよいでしょう。
クレジットカードを利用したくない方はプリペイドカードを使い、額面分だけ利用するようにしましょう
毎月の携帯電話料金と合算して支払いたい方は、決済に伴う ID やパスワードなどをきちんと把握しておきましょう。
有料のクリエイターズスタンプの中には、災害用、安否確認用にデザインされたスタンプもあります
有料スタンプを購入すると、スタンプの利用範囲も広がります。

5　スタンプショップでのスタンプの購入

コインをチャージしたら、LINE のスタンプショップでスタンプを購入してみましょう。
有料スタンプには有効期間はありません。クリエイターズスタンプには、スタンプ作家の作った種類豊富なスタンプがたくさん並び、用途に合わせて選ぶ楽しみがあります。

① ［ホーム］の ［スタンプ］をタップします。
② 友だちリストが表示されている時は、画面を上に動かし、 ［スタンプ］をタップします。
③ スタンプショップで使いたい有料スタンプを見つけます。
④ ［検索］ボックスにキーワード（ここでは「いらすとや」）を入力して検索することもできます。
Android は右上の をタップして、［検索］ボックスを表示します。

⑤［クリエイターズ］をタップします。
⑥購入したいスタンプをタップし、コインの数を確認したら［購入する］をタップします。
⑦［XXXXX（XX コイン）を購入しますか？］と表示されます。［OK］をタップします。

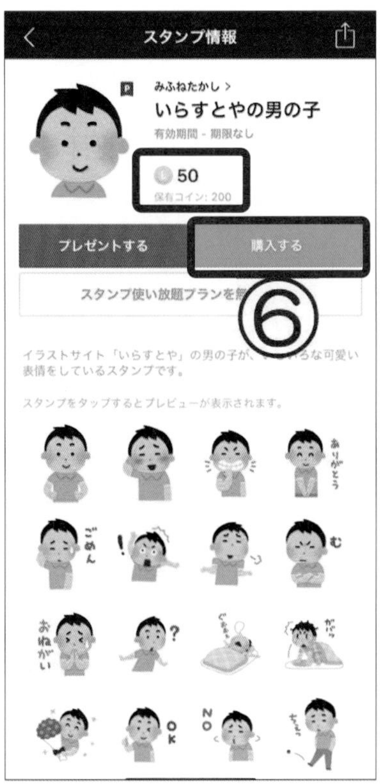

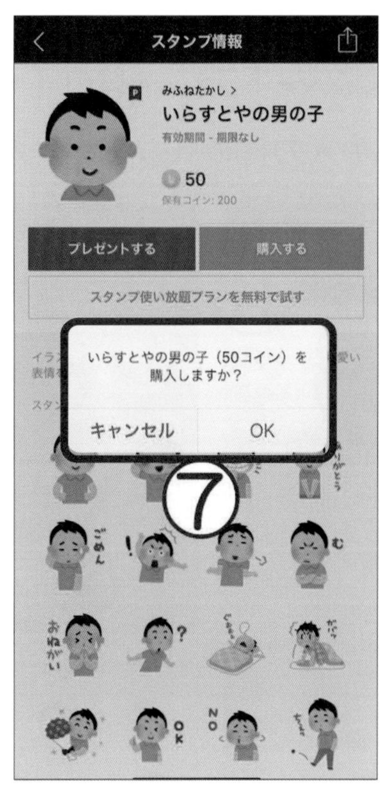

⑧ ［ダウンロード完了］と表示されます。［確認］をタップします。
⑨ ［＜］をタップします。スタンプの検索結果の画面に戻ります。
⑩ ［＜］をタップ（**Android** はスマートフォン本体の［＜］や など）をタップします。

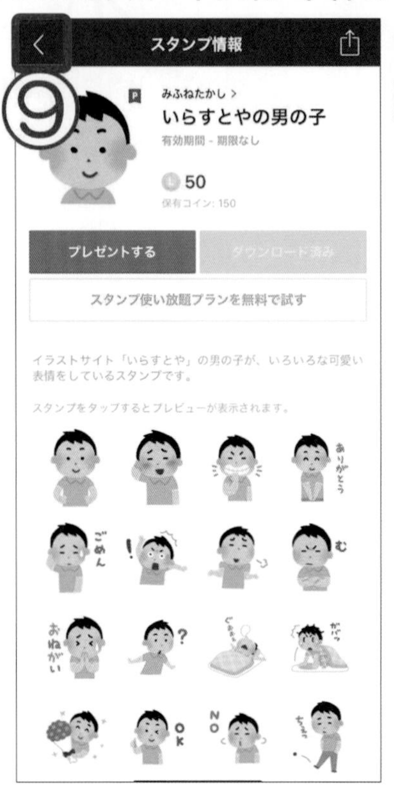

⑪ スタンプショップに戻ります。［×］をタップして［ホーム］の画面に戻ります。
Android はスマートフォン本体の［＜］や などをタップします。

⑫ トークルームの入力欄の をタップして、スタンプが追加されたことを確認します。

レッスン 3　スタンプのプレゼントや管理

スタンプは友だちにプレゼントできます。ちょっとしたお礼に送ると気が利いて喜ばれます。また、スタンプが増えてきたら、スタンプの管理をして使いやすくしておきましょう。よく使うものを見つけやすく並べ替えておくことができます。また、必要なくなったスタンプは、一覧から削除しておくとよいでしょう。

1　スタンプのプレゼント

面白いスタンプを見つけたら、自分が使うだけでなく友だちにプレゼントすることができます。

① スタンプショップでプレゼントしたいスタンプを見つけます。
② ［プレゼントする］をタップします。
③ 送りたい友だちをタップし、［OK］（Android は［次へ］）をタップします。
④ プレゼントする時のテンプレートを選択し、［プレゼントを購入する］をタップします。
⑤ ［XXXXX（XX コイン）をプレゼントしますか？］と表示されます。［OK］をタップします。
⑥ ［プレゼントを贈りました］とトークルームに表示されます。

スタンプが贈られてきた場合

① トークルームに「プレゼントが届きました。」とメッセージが届きます。［受けとる］をタップします。
② ［ダウンロード］をタップし、［確認］をタップします。
③ ［×］（Android はスマートフォン本体の［＜］や ⮌ など）をタップして、トークルームに戻ります。
④ 入力欄の ☺ をタップして、スタンプが追加されたことを確認します。

2 スタンプの管理

有効期間の終わったスタンプは削除しておくとよいでしょう。

① [ホーム] の [設定] をタップします。
② [スタンプ] をタップします。
③ [マイスタンプ編集] をタップします。

④ を押したまま動かすと、スタンプの順番を入れ替えられます。
⑤ スタンプを削除する場合、 をタップして [削除] をタップし、 [削除する] をタップします。
Android は [削除] をタップし、もう一度 [削除] をタップします。
⑥ [<] をタップします。

第5章

みんなで使えるグループトークを利用しよう

レッスン 1　グループトークを楽しむ

LINE のトークは複数の相手でも利用できます。家族や友だちとグループを作っておけば、1 人が送信したメッセージや写真などをグループ全員で読むことができます。3 人以上の相手でトークすることを、**グループトーク**といいます。
グループは目的に合わせていくつでも作ることができます。1 つのグループは最大 500 人まで参加できるので、自分を除いて 499 人を招待できます。

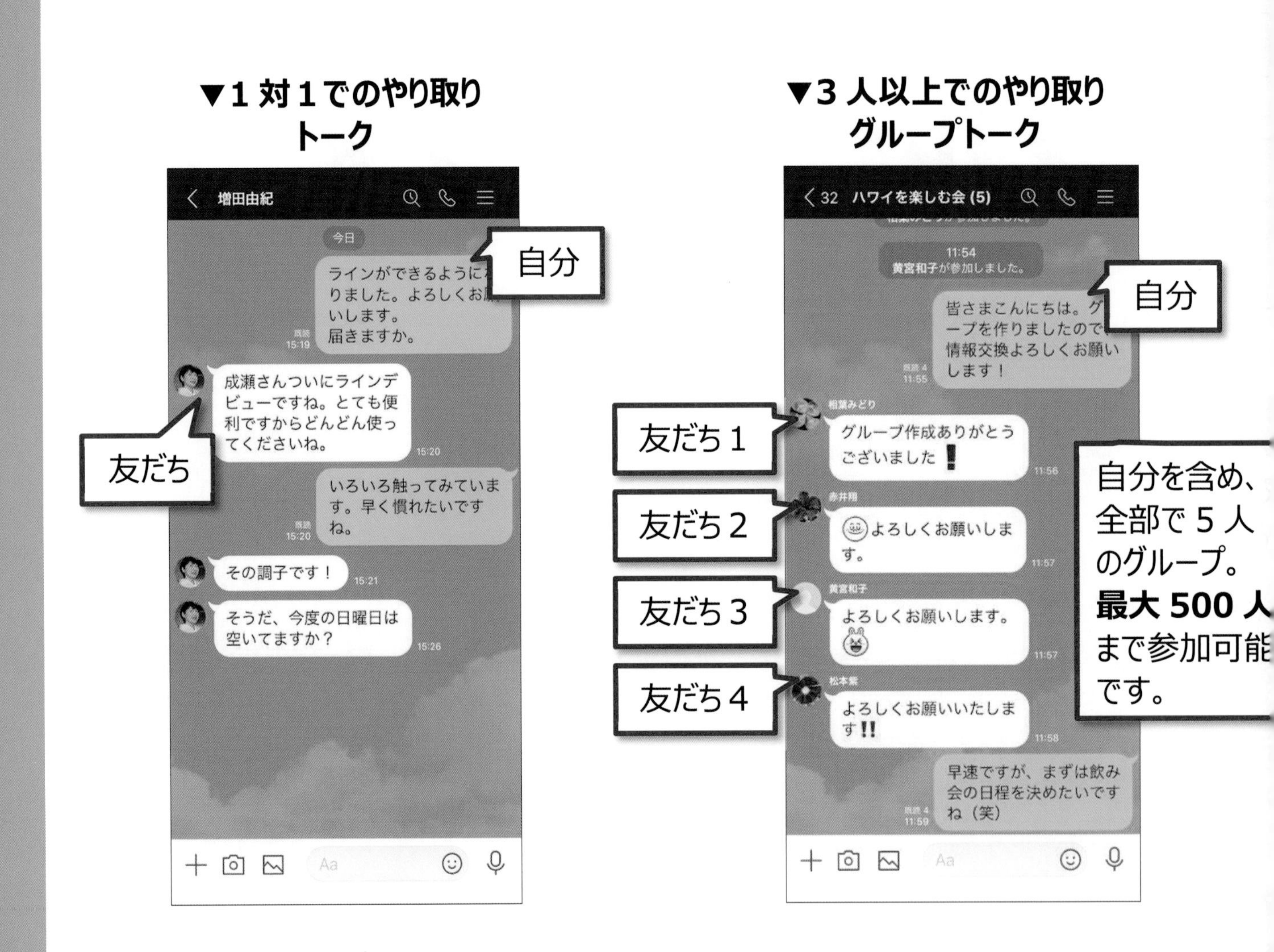

グループはいくつでも作ることができます。
最近は電話でのやり取りや、メールなどでのやり取りに変わって、LINE で連絡することが多くなってきています。
例えば、自治会の役員や PTA の役員になって役員だけの LINE グループを作ったり、趣味のサークルで LINE グループを作ったりして、連絡網のように使われています。
また家族での LINE グループはぜひ作っておきましょう。普段は顔を見合わせて話す間柄であっても、**災害時などいざという時のホットライン**として使うことができます。災害時の連絡手段は 1 つでも多く用意しておいた方がよいものです。家族の連絡網として、日ごろから気軽に使ってみましょう。

1　グループと複数人トークの違い

複数の友だちでやり取りをするには、グループを作る方法と、複数人でトークする方法があります。
人以上でトークできる点は同じですが、グループと複数人トークには次のような違いがあります。

	グループトーク	複数人トーク
招待	**必要：** 1人が友だちを招待し、相手の「参加」を待ちます。	**必要ない：** 相手の参加を待つことなく、すぐにトークが始められます。
グループ名	つけられる	つけられない
アルバム	作れる	作れない
ノート	使える	使えない
使い方	複数の友だち間で、継続的なやり取りなどに向いています。	一時的な掲示板、期間の決まったやり取りなどに向いています。

2　グループの作成

族、親しい友だち同士など、限られた複数の相手と継続的にやり取りをするには、**グループ**を作
と便利です。グループは簡単に作ったり削除したりできます。

① [ホーム] をタップします。
② [グループ] をタップし、[グループ作成] をタップします。
③ グループに追加したい友だちをタップして選択します。この時 [最近トークした友だち] と [友だち] のどちらから選択してもかまいません。
④ [次へ] をタップします。

⑤ 1～50 文字でグループの名前を入力します。
⑥ ［作成］をタップします。グループが作成されます。
⑦ ［トーク］をタップします。トークルームが表示されます。

⑧ 招待した友だちがグループに参加すると、［XXXXX が参加しました］とグループへの参加状況が確認できます。
⑨ 緑色の吹き出しは自分の投稿です。
⑩ 誰かがグループに投稿すると、そのグループに参加した全員がその内容を見ることができます。全員が読んだかどうかは、既読の数（グループに参加した友だちから自分を引いた数）でわかります。

ワンポイント　トークからのグループの作成方法

グループはトークから作ることもできます。
トークの画面にある ![icon] をタップし、
［グループ］をタップします。
以降は前述の手順③からと同じになります。

3　グループへの参加

グループに招待されたら通知が届きます。［参加］をタップしてグループに参加します。

① グループに招待されると、［友だちリスト］の［招待されているグループ］に表示されます。
② グループ名をタップすると、［参加］と［拒否］が表示されます。
参加したい時は［参加］をタップします。［拒否］をタップしても、相手には拒否したことは通知されません。招待した相手にはずっと［招待中］と表示されます。
③ ［参加］をタップすると、［グループに参加しました］と表示されます。［グループ表示］をタップします。

4 グループへの友だちの追加

そのグループに参加している全員が、別の友だちを追加することができます。

① グループトークの画面を表示し、☰（Android は ∨）をタップします。
② ［メンバー・招待］（Android は［招待］）をタップします。
③ ［友だちの招待］をタップします。

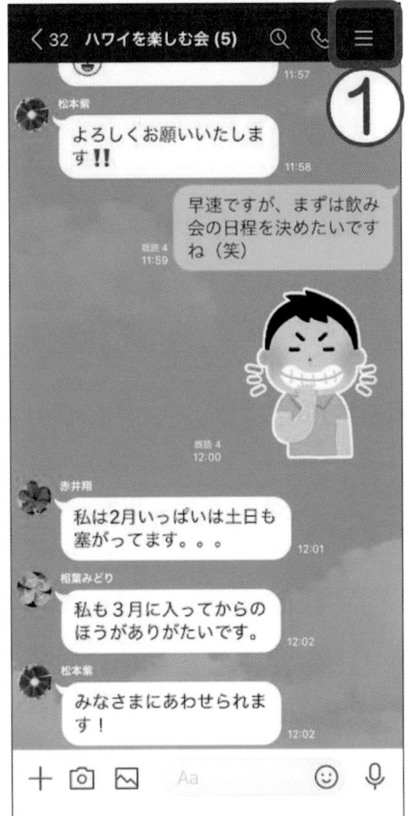

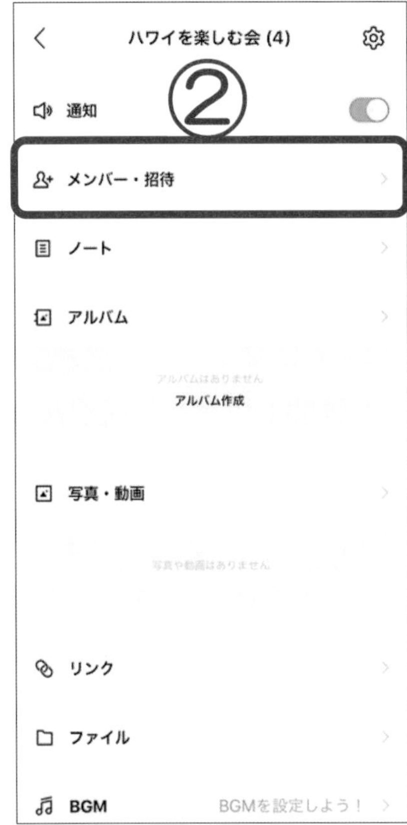

④ グループに追加したい友だちをタップし、［招待］をタップします。この時［最近トークした友だち］と［友だち］のどちらから選択してもかまいません。

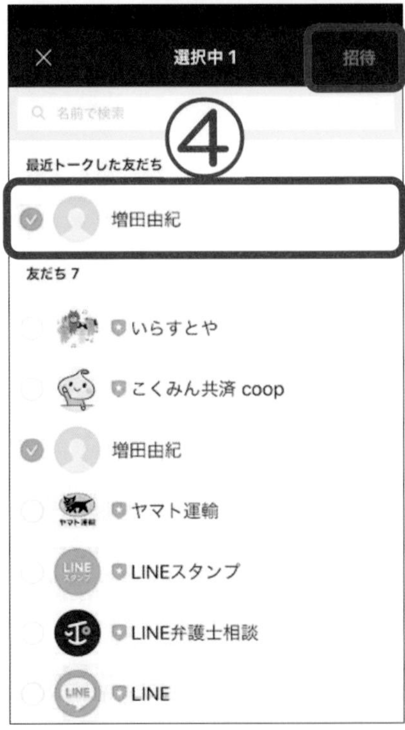

5 グループの退会

参加しているグループから抜ける時は、自分自身で**退会**することができます。
グループから退会する時は、黙って抜けずに、一言メッセージを残すようにしましょう。

① グループトークの画面を表示し、☰（Android は ∨ ）をタップします。
② 画面を上に動かして［グループ退会］（Android は［退会］）をタップします。
③ グループ退会時の注意が表示されます。［退会］（Android は［はい］）をタップします。
④ グループから退会できます。

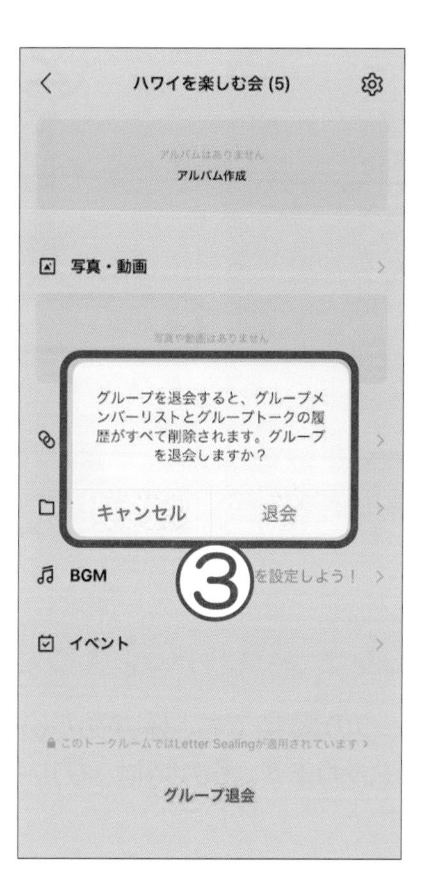

6 グループの通知設定

グループトークの場合、1 人がメッセージを送ると、参加している全員にそのメッセージが送信されます。自分が LINE をしていない時でも、ほかの人からのメッセージやスタンプが届きます。
LINE はメッセージやスタンプが送られると、音が鳴って通知される仕組みになっています。
頻繁に通知音がして気になる時は、必要に応じていつでも通知音のオンとオフを切り替えられます。

① グループトークの画面を表示し、☰（Android は ∨）をタップします。
② ［通知］の ［オン］をタップすると、［オフ］になります。
Android は ［通知オン］をタップすると、［通知オフ］になります。
③ もう一度通知をオンにしたい時は、同じ手順で［通知］を［オン］にします。

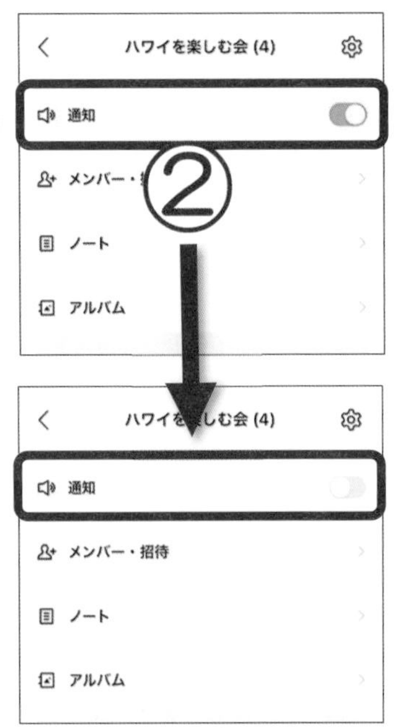

7 グループの中の 1 人とのトーク

グループトークの最中でも、確かめたいことや聞きたいことがあって、その中の 1 人だけにメッセージを送りたい時もあります。その時は、グループトークから参加者の特定の 1 人に対して、連絡を取ることができます。

① グループトークの画面で、メッセージを送りたい友だちの画像をタップします。
② ［トーク］をタップすると、その人とのトークルームが表示されるので、やり取りを行います。

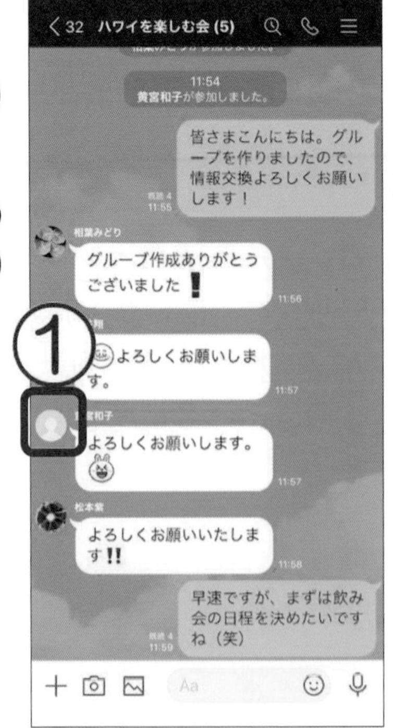

グループから１対１のメッセージを送ろうとする際、まだ友だちになっていない相手には [トーク] が表示されません。

グループトークでやり取りをしている時には意外と気がつかなかったけれど、個人同士ではまだ友だちになっていない、ということもあります。
そのような時は [追加] をタップして、お互いに友だちになります。

8 自分ひとりのグループの作成

ループは本来複数人で作るものですが、**自分しかいないグループ**を作成することができます。
分１人のグループを見るのは自分だけです。例えば、スタンプを試してみるとか、覚えておきたいことを書いておいて、備忘録代わりに利用することなどができます。

① [ホーム] をタップします。
② [グループ] をタップし、[グループ作成] をタップします。
③ 友だちを誰も選択しないで、[次へ] をタップします。

④ 1～50 文字でグループの名前を入力し（例：お一人様グループ）、［作成］をタップします
⑤ グループが作成されます。［トーク］をタップします。
⑥ 自分だけが見ることができるトークルームが表示されます。

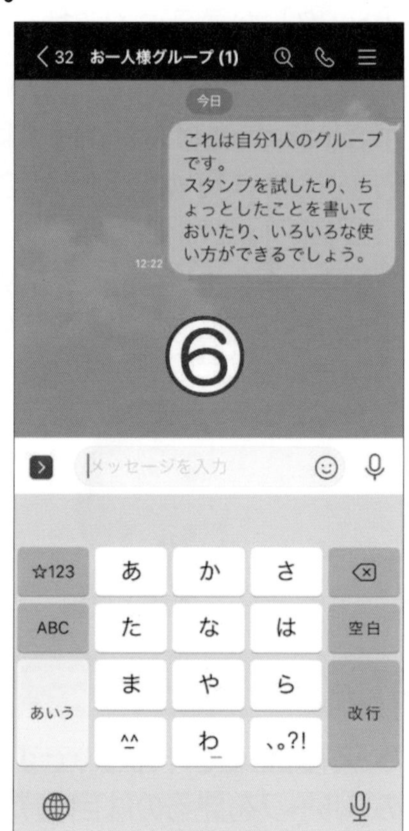

このグループを見るのは自分だけです。
いろいろな実験に使ったり、備忘録としてちょっとしたメモ代わりに使ったりできますね！

レッスン 2　グループを作成しない複数人でのトーク

一緒に遊びに行く、旅行に行く、あるイベントまでのやり取りを何人かで行う、というように、ちょっとした内容や期間の短い一時的な集まりならば、グループを作らなくても複数の友だちを選択してすぐにトークができます。**複数人トーク**はグループと違って、相手の「参加」を待たなくてもすぐにトークが始められます（グループと複数人トークの違いは P91 を参照）。

1　複数人トークの作成

複数人でのトークはグループと違って、相手の「参加」を待たなくてもすぐにトークが始められます。

① ［トーク］をタップします。

②  をタップします。

③ ［トーク］をタップします。

④ ［友だちを選択］の画面で、トークをする友だちをタップします。［最近トークした友だち］と［友だち］のどちらから選択してもかまいません。

⑤ ［作成］をタップします。

⑥ 相手の参加を待たずに、すぐに複数人でトークできます。
⑦ 複数人トークはグループ名がつけられません。トークルームの上には、参加している友だちの名前が表示されます。

別の友だちを追加したい時は、グループに友だちを追加する時と同じ方法です（P94 参照）。

2 複数人トークからのグループの作成

複数人でのトークは、簡単にグループに移行することができます。グループではアルバムやノート（P101 参照）が作れるので、必要に応じて移行してみるとよいでしょう。

① 複数人トークの画面を表示し、☰（Android は ∨）をタップします。
② ［グループ作成］をタップします。
③ ［次へ］をタップします。
④ グループ名を入力し、［作成］をタップします。

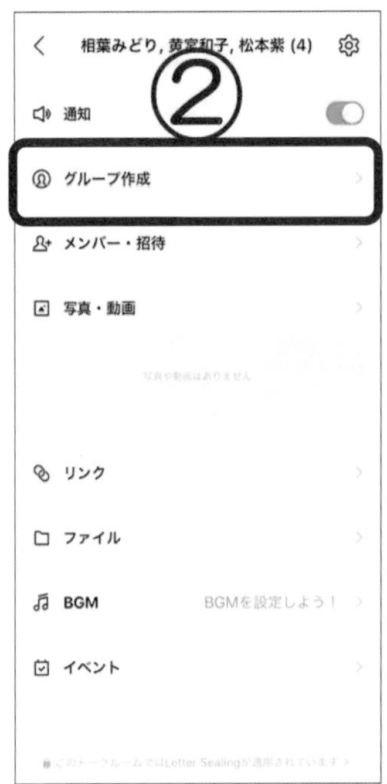

レッスン 3　ノートの利用

グループでたくさんのやり取りがあると、以前に投稿された内容を見つけるために、何度も画面を動かさなければなりません。グループにたくさんの人が参加している時には、投稿数も多くなるので大事なメッセージを見つけるのに時間がかかったりもします。
覚えておきたい情報、いざという時に必要な情報は、グループの中の**ノート**を使って、投稿とは別にまとめておくことができます。ノートはグループの中での掲示板的な役割をします。

1　ノートへのトーク内容の保存

ノートはグループに参加している人の専用の掲示板です。トークの中で重要な情報をノートに保存しておけば、いつでもすぐに見返すことができます。このノートを見られるのは、グループに参加している人だけです。ノートはグループだけでなく、1 対 1 の友だちとのやり取りでも作ることができます。
ノートには、「メッセージ」「写真」「動画（5 分まで）」「Web ページのアドレス（URL）などのリンク」「ファイル」などが保存できます。
ノートに保存すると、グループに参加している人や、1 対 1 のやり取りをしている友だちに、毎回通知が届きます。

① グループトークの画面を表示し、ノートに保存したいメッセージを長押しします。
② ［ノート］（**Android** は［ノートに保存］）をタップします。
③ ほかにも保存したいものがあったら、タップしてチェックを表示します。
④ ［ノート］をタップします。

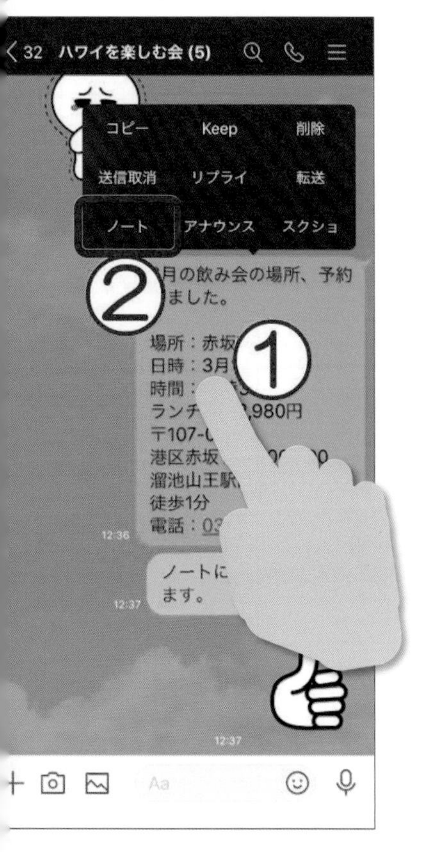

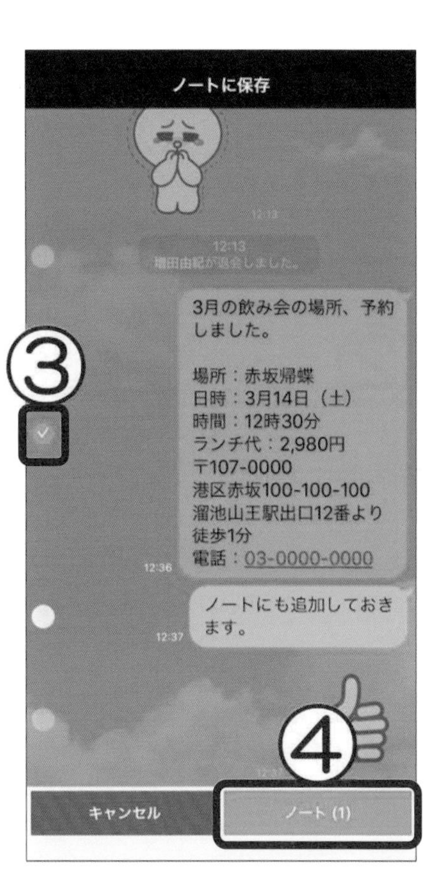

⑤ ［投稿］をタップします。
⑥ グループトークの画面に戻ります。トークルームの上に［ノートを保存しました］と表示されます

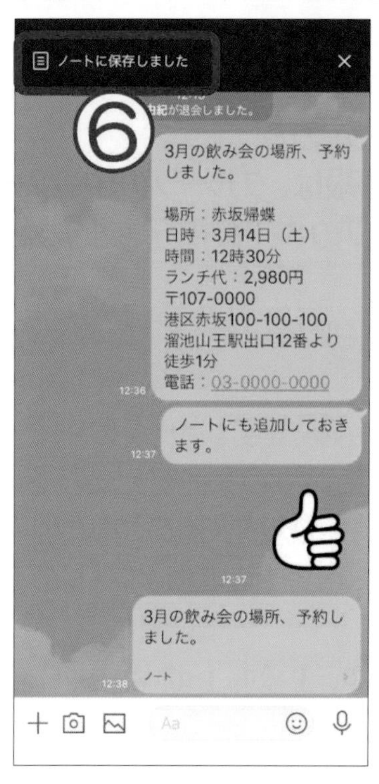

2 ノートを見る

トークルームの内容がどんどん変わっても、ノートに保存されたものはいつでも見返すことができます。

① グループトークの画面を表示し、☰（Androidは右上の ▤）をタップします。
② ［ノート］をタップします。
③ ノートに保存した内容が表示されます。

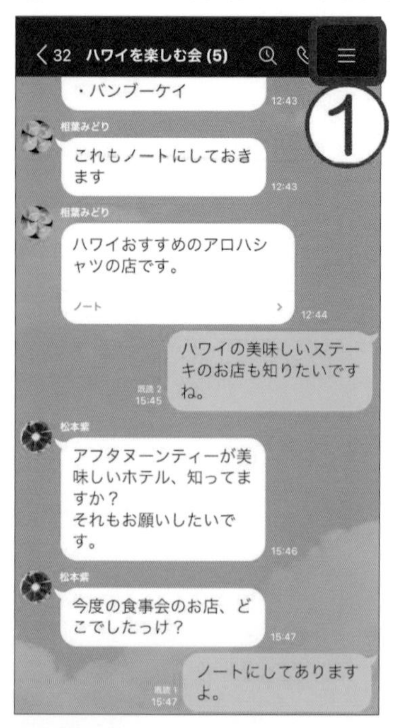

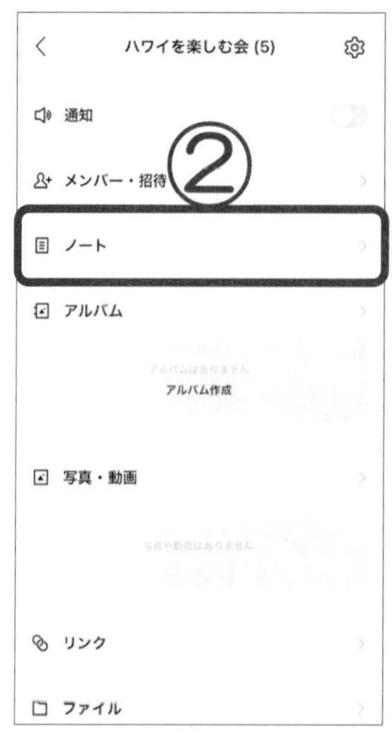

第6章

より使いやすく LINEを設定しよう

レッスン 1　公式アカウントの利用

公式アカウントとは、企業やショップなどが行っている LINE のことです。多くの人が LINE を利用するようになり、各企業も LINE で情報を発信するようになりました。
企業やショップと友だちになる、つまり「公式アカウント」を友だち登録しておくと、無料でスタンプがもらえたり、お得な情報をお知らせしてくれたりします。また、有名人やテレビ番組などの公式アカウントを登録すると、最新情報が送られてきたりします。
公式アカウントには「首相官邸」などもあり、災害時には災害に関する情報を発信しています。

1 公式アカウントの友だち登録

公式アカウントから好みのものや役立つものを探して友だちになってみましょう。公式アカウントから定期的に情報が送られてきたり、イベントごとにお知らせが届いたりします。キーワードを入力して、検索することもできます。

① [ホーム] の [友だち] をタップし、[公式アカウント] をタップします。
② 公式アカウントの一覧から、友だちに追加したいアカウントをタップします。
③ [検索] ボックスにキーワード（ここでは「パソコムプラザ」）を入力して検索することもできます。

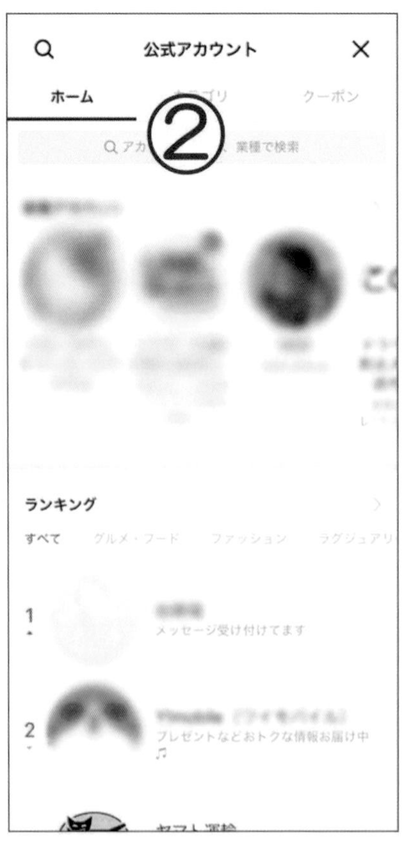

④ 追加したい公式アカウントが表示されたら、［追加］をタップします。
⑤ ［トーク］をタップします。
⑥ トーク内容が表示されます。

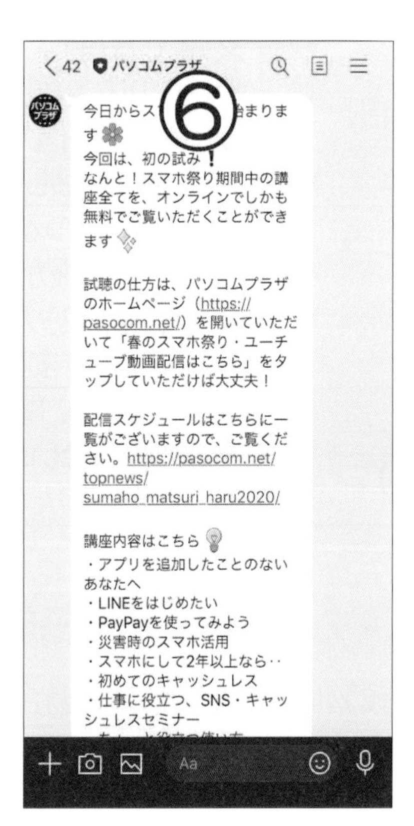

LINE の公式アカウントを追加しておくと、役立つ情報が LINE に入ってきて便利です。
公式アカウントには次のようなものがあります。

首相官邸	地震、台風、津波、テロなど有事の際には LINE に情報が配信されます。いざという時、インターネット上にはさまざまな情報が飛び交いますが、公式の発表をすぐに見られるようにしておくことはとても大事です。
ウェザーニュース	毎朝、LINE に最新の天気予報が届きます。台風情報、大雨に関することだけでなく、お天気に関する話題も配信されます。
LINE お天気	トークルームに、天気が気になる地域の名前を入力して送信すれば、その地域の天気予報をすぐに教えてくれます。地域名は市町村単位で入力できます。
ヤマト運輸	宅急便の配達状況を知らせてくれたり、受取日時の変更ができます。不在で荷物が受け取れなかった場合は、「ご不在のお知らせ」が届き、再配達依頼もできます。
郵便局［ぽすくま］	郵便局の公式アカウントです。ぽすくまというキャラクターとトークしながら、荷物の配達状況の確認ができます。また、集荷の申し込み、再配達の依頼ができます。
クックパッドニュース	毎日お昼ごろに、お料理レシピなど食に関する情報が届きます。旬のお料理レシピなど食の情報をお知らせしてくれます。

DELISH KITCHEN	トークルームに「キャベツ」「豚肉」などと送信すれば、食材からレシピを探してくれます。また、「寄せ鍋」「炊き込みご飯」「ケーキ」など、作りたい料理名からレシピを検索することもできます。
LINE 英語翻訳	文字でも音声でも、翻訳してもらいたい英文を送ると、トークルームの中で即座に翻訳をしてくれるサービスです。 日本語を送信すれば、すぐに英語に翻訳してくれるので、外国人の方と会話したり、英語でメッセージする時に役に立ちます。
JR 東日本 Chat Bot	運行情報をつぶやいてくれるサービスがあります。遅延や運休などの運行情報がわかるので、出かける前に見ておくと便利です。また、コインロッカーの場所を探したり、忘れ物の問い合わせなども簡単にできます。
アースガーデン（アース製薬）	ガーデニングに関する相談や、植物の害虫や病気、野菜の育て方がわからないなどといった悩みに答えてくれる公式アカウントです。メッセージだけでなく、写真を送って相談することもできます。

2 公式アカウントの通知設定

あまりに情報が頻繁に届いて煩わしい場合には、通知をオフにすることができます。
また必要がなくなった場合にはブロックして、配信を止めることもできます。

① 公式アカウントのトーク画面を表示し、☰（Android は ∨）をタップします。
② 一時的に配信を止めたい時は［通知］の［オン］をタップして［オフ］（Android は［通知オフ］）にします。
③ その公式アカウントからの情報が必要ない時は［ブロック］をタップします。

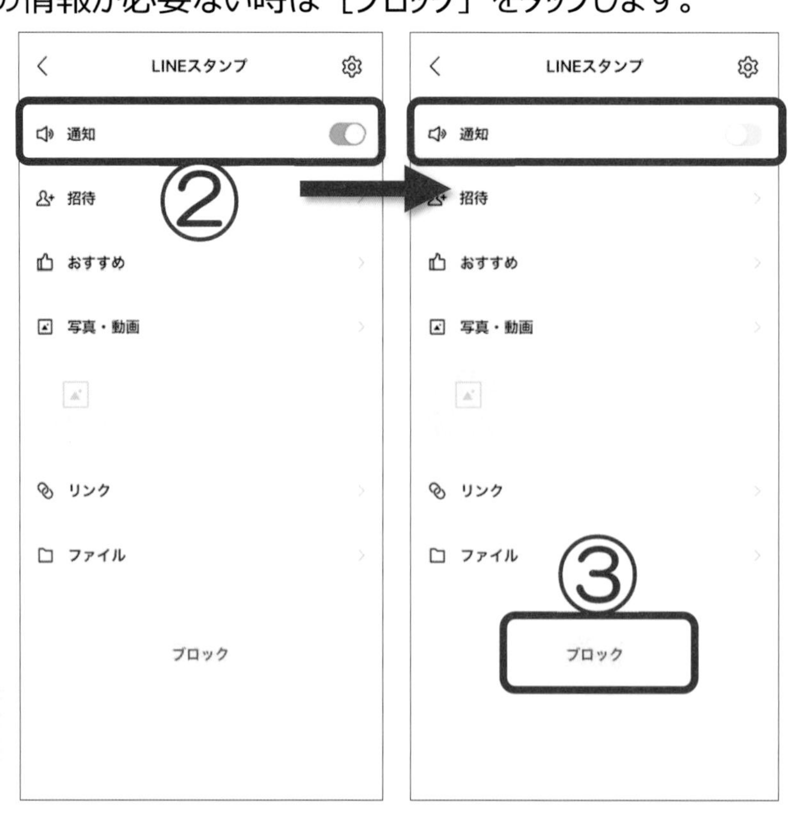

レッスン 2　自分好みの LINE の設定

友だちとのやり取りが増えてくると、たくさんのトークルームを目にすることになります。この**トークルームの背景**は、相手に合わせて変更することができます。
背景を変更しておけば、一目で認識することができ、どのトークルームかがわかるようになるため便利です。また、文字サイズ、LINE のデザイン変更などもできるので、自分好みに LINE を設定してみましょう。

1 トークルームの背景の変更

ークルームの背景は相手に合わせて個別に変更できます。背景を変更しておくと、誰とやり取りしているか一目でわかって便利です。
景のデザインには LINE が提供する素材以外に、自分で撮影した写真などを使うこともできま。トークルームの背景のデザインを変更しても、相手のトークルームには反映されません。

① 背景を変更したいトークルームを表示し、☰（Android は ∨ ）をタップします。
② ［設定］をタップします。
③ ［背景デザイン］をタップします。

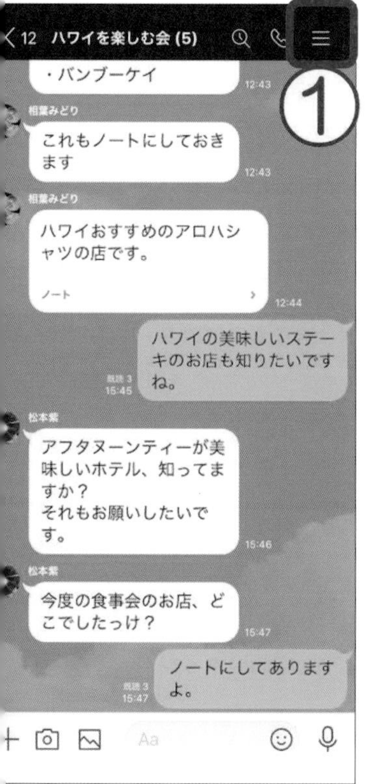

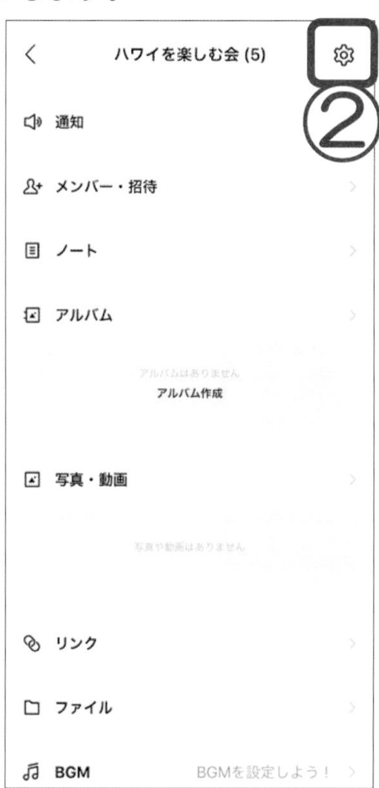

④ ［デザインを選択］をタップします。
⑤ 背景のデザインが表示されるので、使いたい背景をタップします。［背景デザインをダウンロードしますか？］と表示されたら［OK］をタップします。
⑥ 使いたい背景のデザインをタップしたら、［×］（**Android** は［選択］）をタップします。

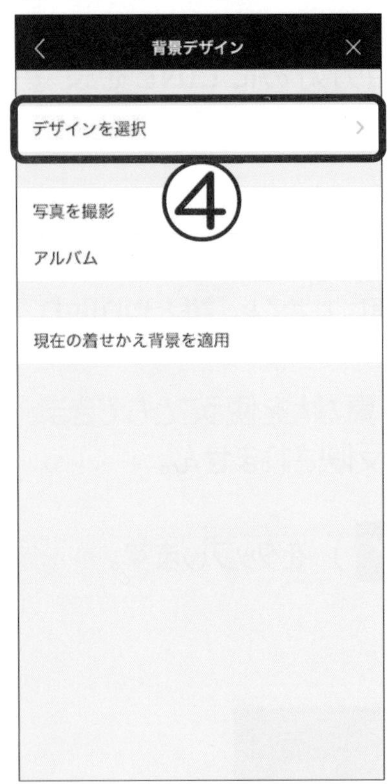

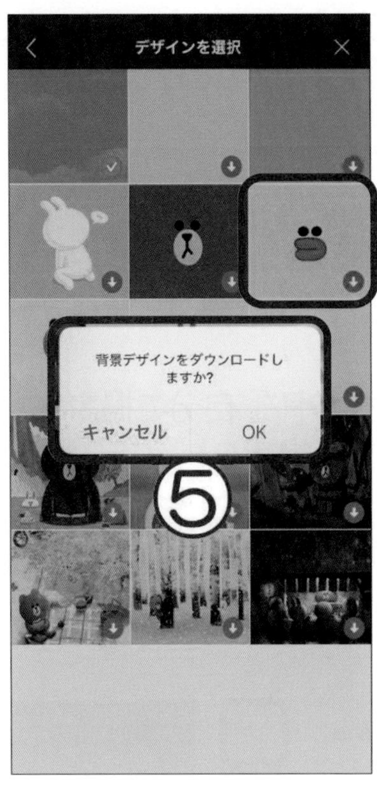

⑦ ［＜］をタップします。
⑧ トークルームの背景のデザインが変更されます。

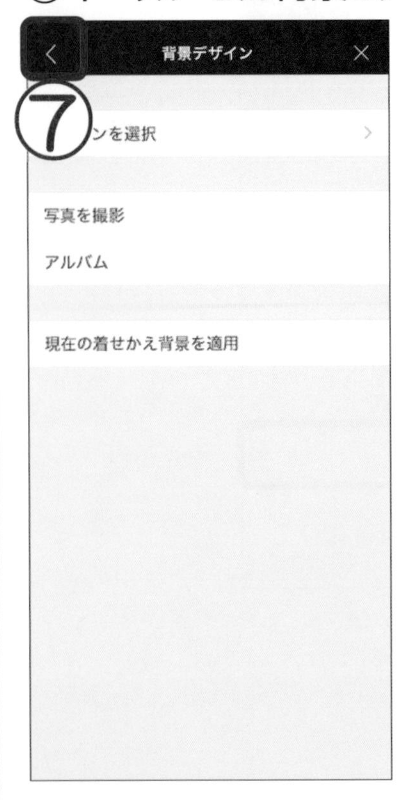

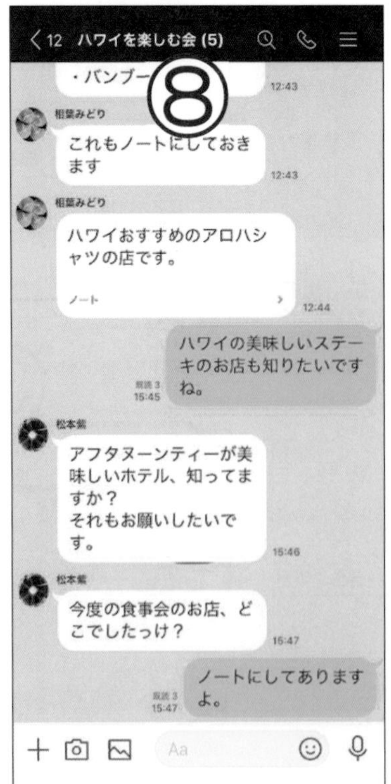

2 トークルームの文字サイズの変更

トークルームの文字サイズを見やすい大きさに変更できます。
iPhone の場合、iPhone の設定でさらに文字サイズを大きくできます。

▼普通

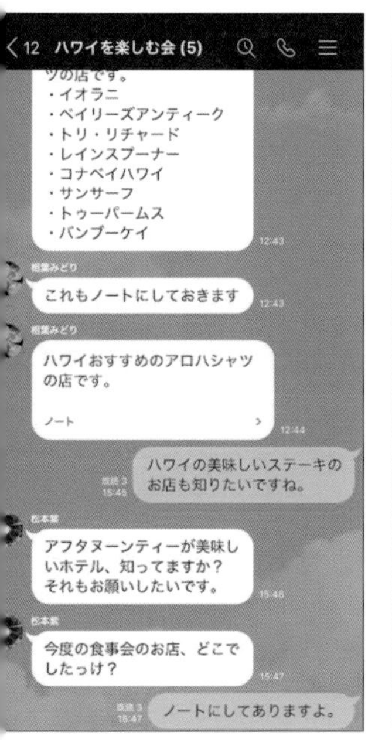

▼大

▼特大

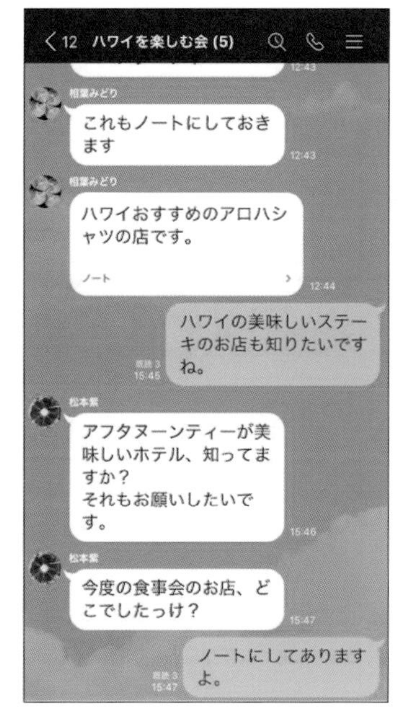

▼さらに大きく (iPhone の設定)

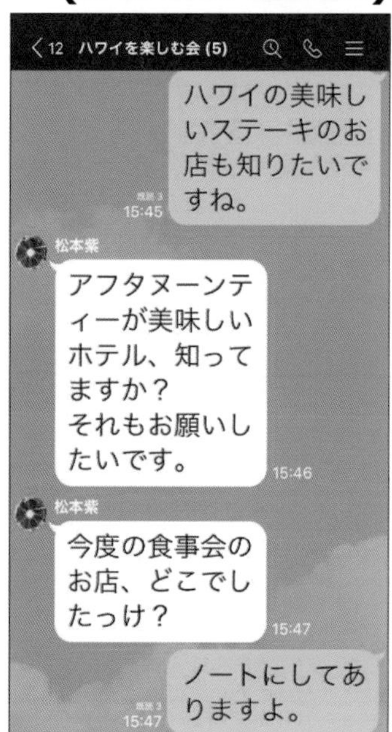

① [ホーム] の [設定] をタップします。
② [トーク] をタップします。
③ [フォントサイズ] をタップします。

④ ［iPhone の設定に従う］の ［オン］をタップして ［オフ］にします。
⑤ 変更したい文字サイズをタップします。
⑥ ［×］（Android は［<］を 2 回）をタップします。LINE の［ホーム］に戻ります。

3 iPhone の設定を利用した文字サイズの変更

iPhone を使っていて、LINE の設定で文字サイズを変更してもまだ小さいと感じる時は、iPhone の設定で、さらに大きな文字にできます。

① ［ホーム］の［設定］をタップします。
② ［トーク］をタップします。
③ ［フォントサイズ］をタップします。

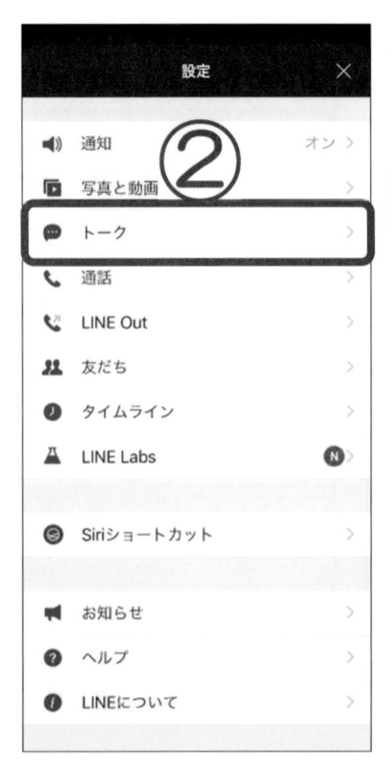

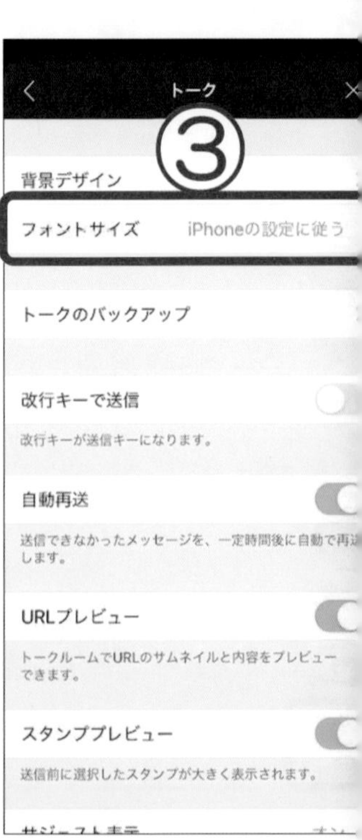

④ ［iPhone の設定に従う］をオンにします。
⑤ iPhone のホーム画面の 設定 ［設定］をタップします。
⑥ ［アクセシビリティ］をタップします。

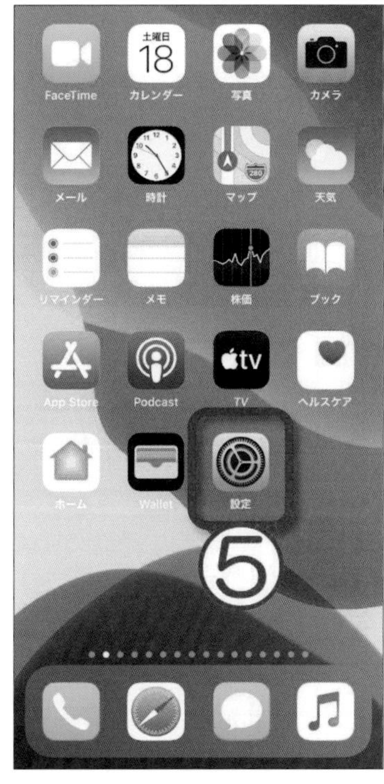

⑦ ［画面表示とテキストサイズ］をタップします。
⑧ ［さらに大きな文字］をタップします。
⑨ ［さらに大きな文字］をタップして ［オン］にします。
⑩ スライダーを右に動かすと文字サイズが大きくなります。
⑪ LINE の画面に戻って文字サイズを確認します。

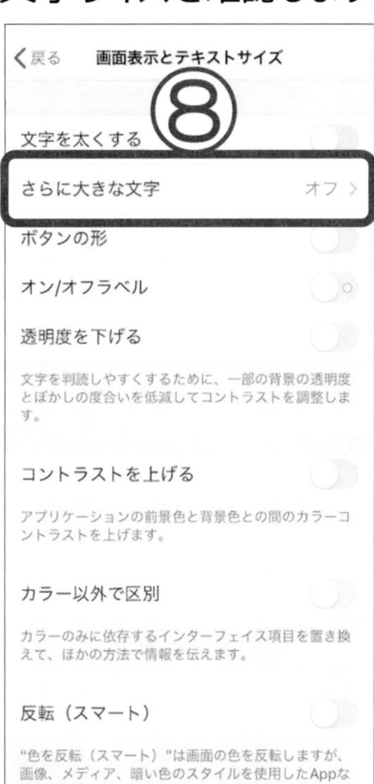

4 着せかえショップの利用

着せかえを使うと、LINE の画面のデザインを変更できます。LINE に取り込んで（ダウンロードして）使える無料の着せかえや、スタンプと同様に有料の着せかえを購入することもできます。

① [ホーム] の [着せかえ] をタップします。
② 用意されている無料の着せかえをタップします。
③ [ダウンロード] をタップします。

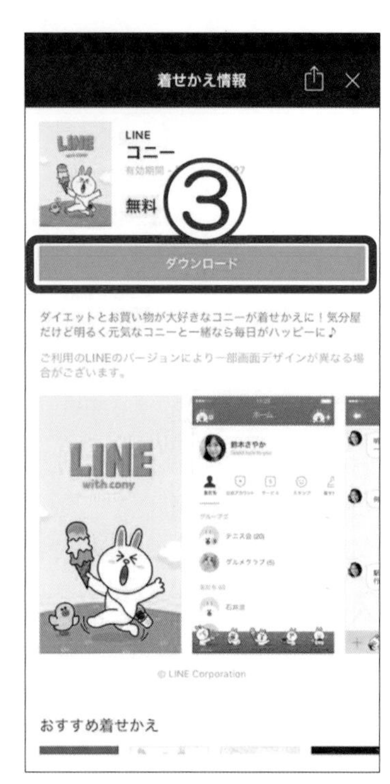

④ [今すぐ適用する] をタップします。
⑤ LINE の画面に戻ると、デザインが変更されていることが確認できます。

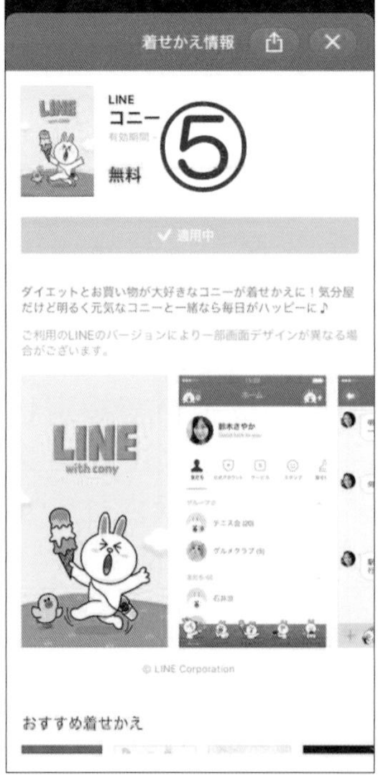

■LINE の画面デザインを元に戻す場合

① [ホーム] の [設定] をタップします。
② [着せかえ] をタップします。
③ [マイ着せかえ] をタップします。

④ [基本] がオリジナルのデザインです。[適用する] をタップします。
⑤ LINE の画面デザインが元に戻ります。

レッスン 3　新しいスマートフォンへの LINE の引き継ぎ

LINE は、複数のスマートフォンで同じ登録情報を使うことができない仕組みになっています。
新しいスマートフォンに買い替えた時は、古いスマートフォンで使っていた LINE の情報を、新しいスマートフォンに**引き継ぐ**ことができます。
LINE の情報を引き継いだら、新しいスマートフォンで今まで通り LINE のやり取りを始めることができます。
また、携帯電話番号が変わったりした場合でも、LINE の引き継ぎをすれば今まで使っていた LINE の情報を新しいスマートフォンで利用できます。

1 LINE の引き継ぎとは

スマートフォンを買い替えたら、LINE の情報を引き継ぎましょう。
LINE の情報を引き継げば、新しいスマートフォンでも**今までの友だちやスタンプが従来通り利用できます**。
新しいスマートフォンに LINE を新規で登録をしてしまうと、自動的に新しいアカウントが作成されます。**新しいアカウントを作成してしまうと、元々使っていた LINE のアカウントは削除され、友だちやグループ、購入したスタンプなどのデータがすべてなくなってしまいます**。また、一度削除されたデータは復活できないので、注意してください。
LINE をすでに使っている人は、新しいスマートフォンで LINE の新規登録をしないように気をつけましょう。
次のように買い替えるスマートフォンの機種により、引き継げる情報とそうでないものとがあります。

iPhone → iPhone Android → Android ▼引き継げる情報	iPhone → Android Android → iPhone ▼引き継げない情報
● 友だちリスト（グループを含む） ● トークでやり取りした内容（トーク履歴） ● コインの残高 ● 購入したスタンプ ● 購入した着せかえ ● ノート、アルバムに投稿した内容 ※購入したスタンプは、［スタンプ］の［マイスタンプ］から、もう一度ダウンロードする必要があります。既に購入したスタンプなので、料金は発生しません。	● トークでやり取りした内容（トーク履歴） ● コインの残高 iPhone から Android、Android から iPhone に機種変更する場合は、コインの残高を使い切るようにします。

2 メールアドレスの確認

INE の情報を安全に引き継ぐために、**LINE にメールアドレスを登録**しておきましょう。
ずはメールアドレスが登録されているかどうか確認します。
ールアドレスは画面で確認できますが、セキュリティの関係でパスワードは表示されません。

）［ホーム］の［設定］をタップします。
）［アカウント］をタップします。
）メールアドレスが登録されている場合、自分のメールアドレスが表示されています。
）メールアドレスを登録していない場合、［未登録］をタップしてメールアドレスを正確に入力します。

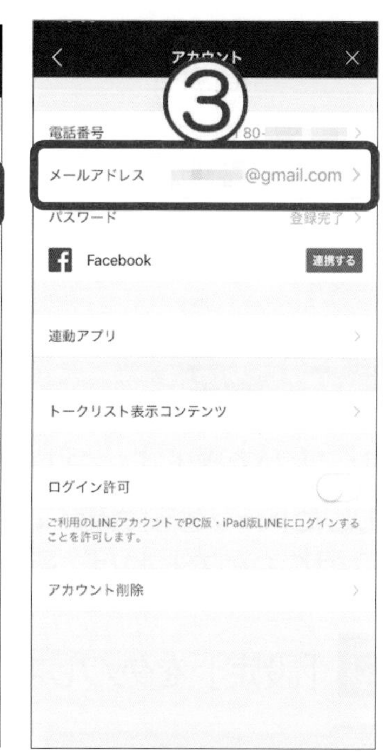

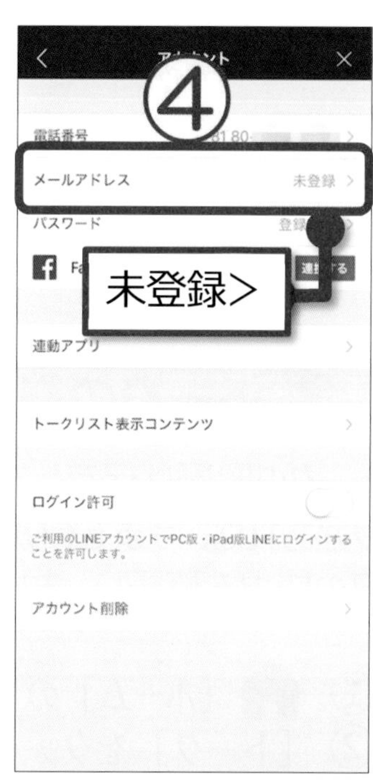

定したパスワードを忘れてしまった場合、設定の画面を見ても確認する
とはできません。
の手順でパスワードの再設定を行います。パスワードの再設定は、入
したメールアドレス宛てに届くメールを確認して行います。

）［パスワード］の［登録完了］をタップします。

② 顔認証、指紋認証、パスコードなどの画面が表示されたら、それぞれ該当の操作をします。
③ ［パスワードを変更］の画面で、送られてきたメールの新しいパスワードを 2 回入力します。
④ ［変更］をタップします。アカウントの画面に戻ります。

3 トークの履歴の保存

トークの履歴は保存しておくことができます。これを**トーク履歴のバックアップ**といいます。バックアップがあれば、今までやり取りしたトークを引き継ぐことができます。LINE を移行する前に、バックアップの履歴を確認し、古い日付のものであれば、最新の状態をバックアップしておくとよいでしょう。

① ［ホーム］の［設定］をタップします。
② ［トーク］をタップします。
③ ［トークのバックアップ］をタップします。

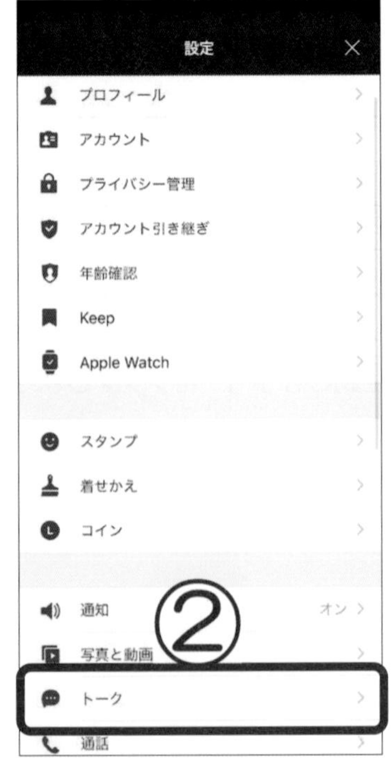

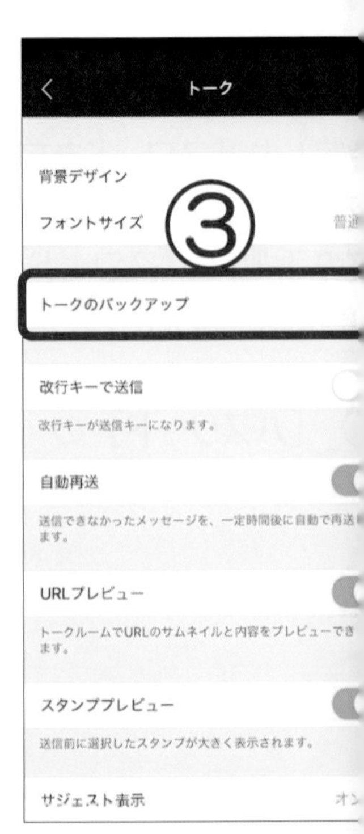

④ ［今すぐバックアップ］をタップします。
⑤ バックアップが完了すると、日付と時刻（この場合［今日 18：17］）が表示されます。日付と時刻が最新のものであれば、バックアップは完了です。

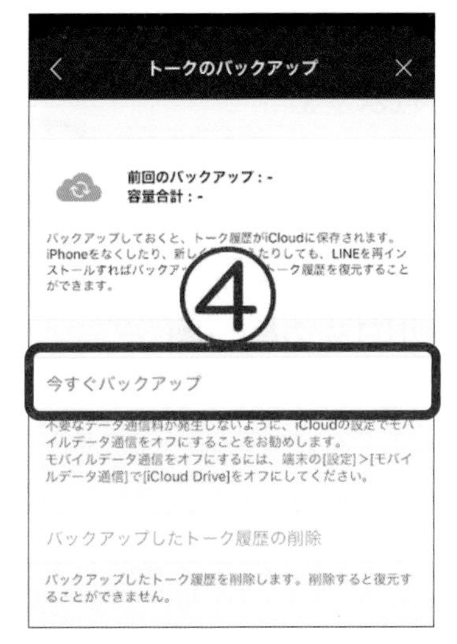

4 LINE の情報の引き継ぎ

LINE に設定したメールアドレスを確認したら、LINE の情報を引き継ぎましょう。

■古いスマートフォンで行う操作

① ［ホーム］の ［設定］をタップします。
② ［アカウント引き継ぎ］をタップします。
③ ［アカウントを引き継ぐ］の ［オフ］をタップします。
④ 確認のメッセージが表示されます。［OK］をタップします。

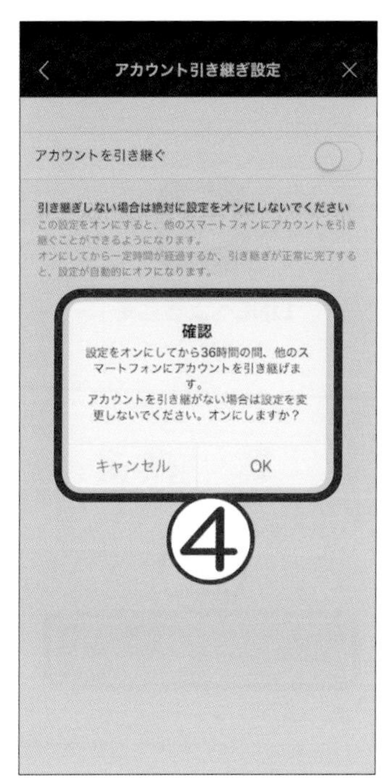

⑤ ［アカウントを引き継ぐ］が ［オン］になり、残り時間が表示されます。
ここから先は新しいスマートフォンで 36 時間以内に操作をして終了するようにします。

⑥ 新しいスマートフォンでの操作が完了すると、古いスマートフォンには［利用することができません］と表示されます。［確認］をタップします。

■新しいスマートフォンで行う操作

① 新しいスマートフォンに LINE をインストールします。
② ［LINE へようこそ］の画面で［はじめる］をタップします。
③ ［この端末の電話番号を入力］と表示されます。携帯電話番号を入力し、 をタップします。
④ 確認のメッセージが表示されます。［送信］をタップします。
⑤ ショートメールに届いた 6 桁の認証番号を入力します。

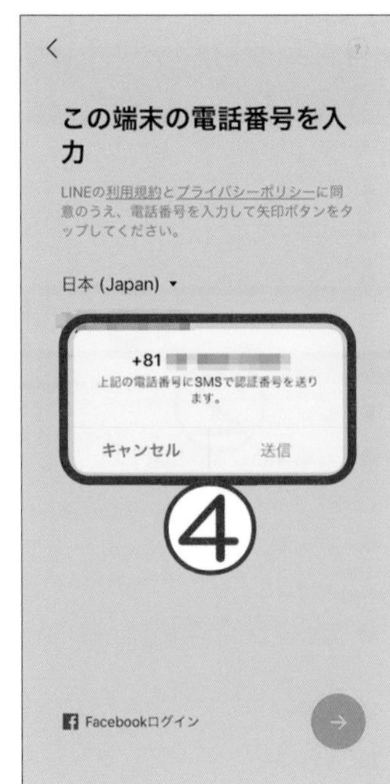

⑥ ［おかえりなさい、XXXXX！］と表示されます。［はい、私のアカウントです］をタップします。
⑦ ［パスワードを入力］と表示されます。LINE に設定したパスワードを入力し、→ をタップします。
⑧ ［「OK」をタップすると引き継ぎが完了します。同時に、以前の端末では LINE を利用できなくなります。よろしいですか？］と表示されます。［OK］をタップします。
⑨ ［友だち追加設定］と表示されます。［友だち自動追加］［友だちへの追加を許可］がオフの状態で → をタップします。

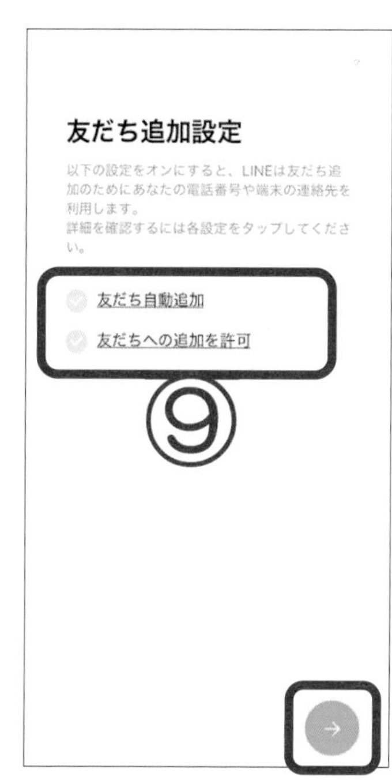

⑩ ［トーク履歴を復元］と表示されます。［トーク履歴を復元］をタップします。
⑪ ［サービス向上のための情報利用に関するお願い］が表示されます。ここではどちらもタップして［オフ］にし、［OK］をタップします。
⑫ LINE の［ホーム］が表示されます。

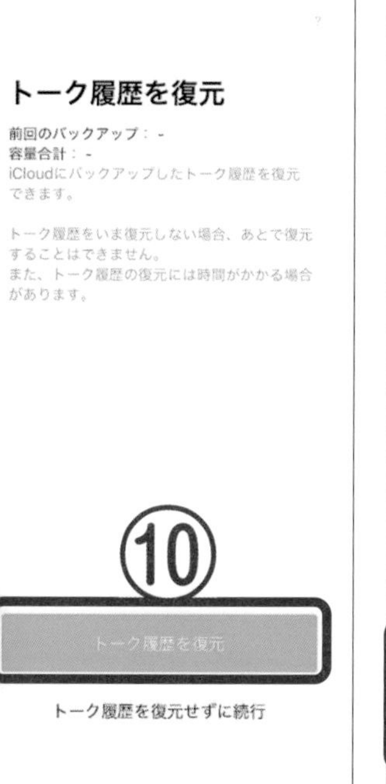

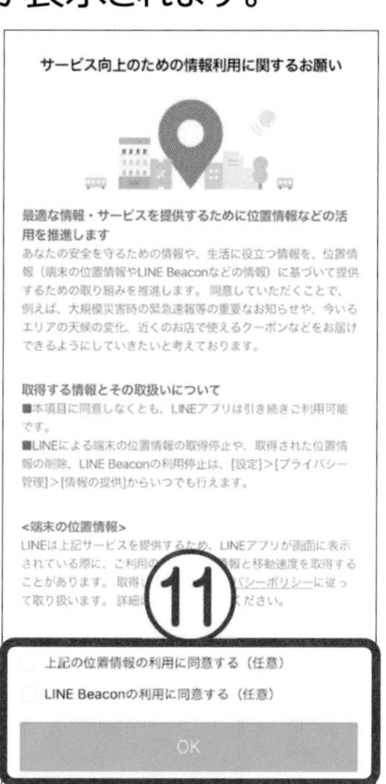

■新しいスマートフォンでスタンプを元に戻す操作

① [ホーム] の [設定] をタップします。
② [スタンプ] をタップします。
③ [マイスタンプ] をタップします。

④ [すべてダウンロード] をタップすると、以前の LINE で使用していたスタンプがすべてダウンロードされます。スタンプごとに をタップすると、そのスタンプだけをダウンロードできます。
⑤ スタンプのダウンロードが終わったら、[OK] をタップします。

⑥ トークルームの入力欄の をタップして、スタンプが使えるようになっていることを確認します

第７章

LINE Payを使ってみよう

レッスン 1　キャッシュレス決済とは

キャッシュレス決済とは、現金を使わずに支払う仕組み全般のことをいいます。
スマートフォンを使って支払うことを特に**「スマホ決済」「QR 決済」**といいます。
LINE には **LINE Pay（ラインペイ）**という決済方法があります。

1 キャッシュレス決済の種類

ITの普及により、今までさまざまなものがデジタルになってきました。紙にペンで書いていた手紙が、パソコンのメールに変わり、携帯電話でショートメール、そしてスマートフォンで LINE によるやり取りができるようになりました。また、昔はどの駅にもあった券売機で、小さな紙の切符を買って電車に乗っていたものが、今では IC カードをタッチして改札を通るようになりました。フィルムを入れたカメラで撮影し、現像して紙で楽しんでいた写真は、デジタルカメラやスマートフォンの画面でも楽しめるようになり、撮影しても紙に現像まではせず、データとして写真を保存しておくことも多くなっています。

このように、以前は「紙」という形で利用していたものが、今はデジタル化され、紙とは違う形で利用したり、楽しめたりする時代です。
支払いも同様です。「紙幣」と「硬貨」という「現金」での支払いが、スマートフォンを使ってできるようになっていくのも時代の流れといえます。
現金ではない支払い方法＝キャッシュレス決済には、以前からクレジットカードや Suica などの電子マネーがありますが、スマートフォンの普及により、スマホ決済（QR 決済）のサービスが登場し、利用できる店舗などが増えてきています。

▼キャッシュレス決済の種類

国際ブランドカード ※世界的にいろいろな国で 利用できるクレジットカード	● VISA（ビザ） ● Mastercard（マスターカード） ● JCB（ジェーシービー） ● American Express（アメリカンエキスプレス） ● Diners Club（ダイナースクラブ） ● 銀聯（ぎんれん）カード　など
電子マネー	● Suica（スイカ） ● PASMO（パスモ） ● iD（アイディ） ● QUICPay（クイックペイ） ● nanaco（ナナコ） ● WAON（ワオン） ● 楽天 Edy（らくてんエディ）　など

QRコード決済 スマホ決済	● LINE Pay（ラインペイ） ● PayPay（ペイペイ） ● au ペイ ● d 払い ● 楽天ペイ ● ゆうちょペイ ● メルペイ　　　　など

スマートフォンを財布代わりに使う「スマホ決済」と、現金を使った場合の違いについて考えてみましょう。

	スマホ決済の場合	現金の場合
入金する場合	● コンビニエンスストアにあるATMからでも入金できる。 ● スマートフォンに銀行口座を割り付ければいつでもどこでも入金できる。 ● スマートフォンから操作するのでATM に並ばなくてもよい。また、手数料はかからない。	● 現金を用意するために銀行のATMに行かなければならない。 ● ATM が混雑していると時間がかかる。また、利用できる時間が限られている。 ● 時間外の手続きには自分の預けたお金でも手数料が取られる。
紛失した場合	● 指紋認証、顔認証、パスコードなどで、スマートフォンそのものを開くことができない。	● 財布を拾われたら誰でも中を開くことができ、使われてしまうこともある。
停電時など	● 使用できない場合がある。 ● スマートフォンの充電切れ、回線障害時なども、使用できない場合がある。	● 停電などに影響されず、現金が使える店なら、常に通常通り利用できる。
対応店舗	● 徐々に広がりを見せている。	● ほとんどの店舗で使用できる。
使用に際して	● アプリの入手や、登録などの設定が必要となる。	● 現金は出せば使える。

2 財布代わりとなるスマートフォンの役割

スマホ決済を使えば、日々の生活の中でスマートフォンを財布代わりに使えます。
スマートフォンの財布は、次の 3 つの働きをします。スマートフォンの財布も、カバンの中にある財布も、できることに違いはありません。

■チャージ（財布に現金を入金する）

財布に現金が入っていない時は、通常は口座を持っている銀行の ATM などから現金をおろしてきます。
スマートフォンの場合、現金を LINE Pay に入れることを**チャージ**といいます。
LINE Pay には、コンビニエンスストアや商業施設にある ATM から、紙幣でチャージができます。
その都度 ATM に行って入金するのが面倒だったり、本格的にスマホ決済をしたいという場合には、銀行口座情報を登録すれば、いつでもどこでもチャージすることができます。

■支払い（店舗などに購入代金を支払う）

主にスマホ決済では、代金を支払う時に **QR コード**を使います。
店舗には専用の QR コードがあります。また自分のスマートフォンにも自分専用のコードがあります。
店舗のコードを自分のスマートフォンで読み取るか、自分の QR コードを店舗に読み取ってもらうか、そのいずれかで支払いをします。

■送金（個人的にお金を送る）

現金を人に送るには、手渡し、銀行振り込み、現金書留などがありますが、手渡しでもない限り手数料がかかります。営業時間内に銀行や郵便局などへ行く必要もあります。
スマートフォンを使った場合、相手に直接お金を送ることができます。LINE Pay では、LINE の友だち間で送金することができます。手数料はかかりません。
LINE Pay で個人間送金をするには、送る側の「本人確認」が必要です。「本人確認」には、顔写真付きの身分証を使う方法や、銀行口座の登録などを行う方法があります。

レッスン 2　LINE Pay の利用

LINE Pay を使うにあたって、特にアプリなどは必要ありません。LINE の**ウォレット**が、LINE の財布機能になります。LINE の画面には必ずウォレットがあり、誰でも利用することができます。

1 ウォレットの画面の確認

LINE の財布にあたる機能が［ウォレット］です。［コード支払い］［コードリーダー］［送金］といった、LINE Pay の主な機能をはじめ、［家計簿］［クーポン］［保険］［ショッピング］などのメニューがあります。
LINE Pay はウォレットの画面から表示します。買ったばかりの財布の口を初めて開くような作業が、LINE Pay の新規登録です。ウォレットの画面を確認してみましょう。

① ［ウォレット］をタップします。
② ［LINE Pay をはじめる］をタップします。
③ LINE Pay の画面で［はじめる］をタップします。
④ 新規登録の画面で、［すべてに同意］をタップし、チェックが 3 か所に表示されたことを確認します。
⑤ ［新規登録］をタップします。

⑥ 残高 0 円と表示されます。

2 LINE Pay 用のパスワードの設定

LINE Pay で QR コードを使ったり、友だちへ送金したりする際、パスワードが求められます。このパスワードは 6 桁の数字で、**LINE Pay 専用のパスワード**になります。
スマートフォンを開く時のパスワードや、P13 で設定した LINE のアカウントのパスワードとは別のものとなります。
LINE Pay のパスワードが未設定の状態で操作を行った場合、途中で 6 桁のパスワードを設定する画面が表示されます。ここでは先に LINE Pay のパスワードの設定を行います。パスワードの設定時の注意点は次の通りです。

- ほかで使っているパスワードは避けます。
- 誕生日などの簡単なものは類推される恐れがあるので避けます。
- 同じ数字を 3 つ連続で使用できません（例：777～）。
- 連続する 3 つの数字は使用できません（例：123、987）。
- LINE Pay に登録した携帯電話番号の下 4 桁を含む数字は使えません（例：携帯電話番号が 080-1234-5678 の場合、5678 を含む 6 桁は設定できません）。

設定した 6 桁のパスワードは LINE Pay で決済したり、送金したりする際に必要となります。ご自身の管理で、忘れないようにメモなどにしておくとよいでしょう。

① LINE Pay の画面を上に動かします。
② ［設定］をタップします。
③ ［パスワード］をタップします。

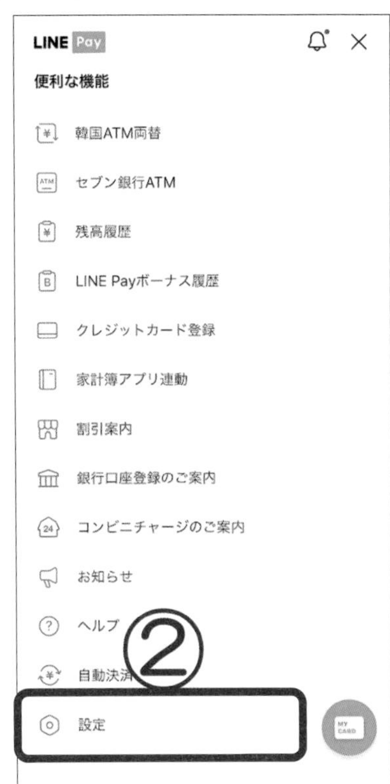

④ ［パスワード設定］の画面で、自分で決めた 6 桁の数字を入力します。
⑤ もう一度、同じ 6 桁の数字を入力します。設定したパスワードは忘れないようにしましょう。

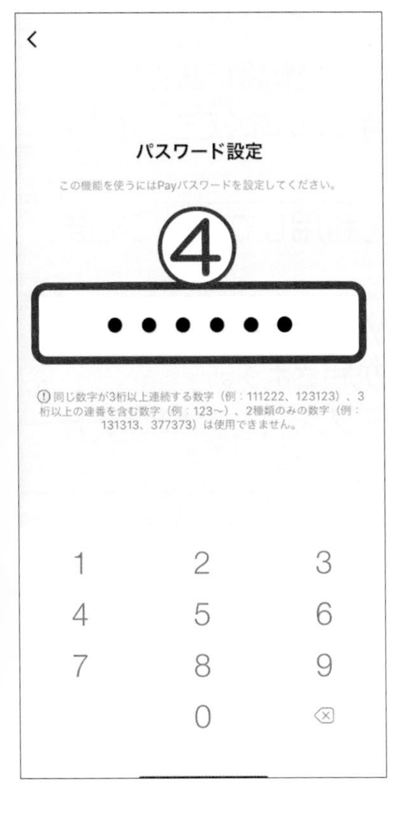

ワンポイント Face IDの使用

iPhoneで顔認証できる機種の場合［Face IDを使用しますか］と表示されます。Face IDの使用をオンにしておくと、LINE Payの6桁のパスワードを使わずに顔認証システムが利用できます。

① ［Face IDを使用しますか？］と表示されたら［はい］をタップします。
② ［パスワード］と表示されます。［Face IDを使用］が［オン］になっていることを確認します。

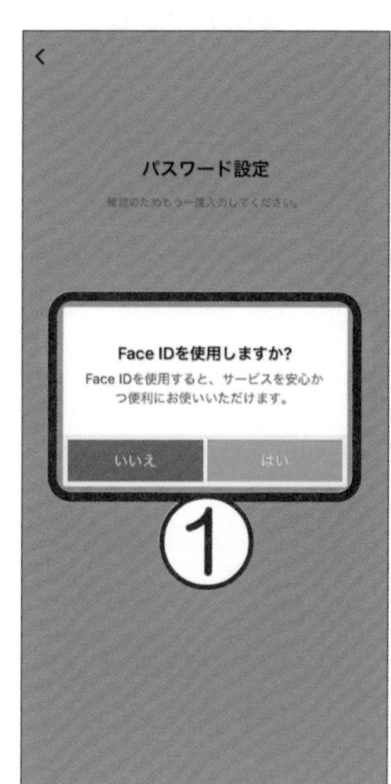

3 LINE Payへのチャージ

手にしたばかりの財布には現金が入っていないように、LINE Payにはチャージをしないと、利用することができません。
チャージには主に次の方法があります。いずれも手数料は無料です。

銀行口座	銀行口座を登録し、その口座からLINE Payにチャージします。
セブン銀行ATM	日本全国にあるセブンイレブンの店舗内、または商業施設にあるセブン銀行のATMを使います。セブン銀行の口座を持っていなくても、セブン銀行のATMを利用することができます。
Famiポート	日本全国にあるファミリーマートのFamiポートを利用してチャージします。
LINE Payカード	店頭レジでチャージしたい金額を伝え、LINE Payカードをレジで提示します。チャージする金額を支払うと、LINEに通知が届きます。 ※チャージ対応店舗：ローソン、ナチュラルローソン、ローソンストア100、AINZ&TULPEなど

ここでは、日本で最も店舗数が多いセブンイレブンでのチャージ方法を紹介します（2020年2月1日現在）。

- チャージの最低金額は1,000円からです。
- 1,000円単位で金額は変えられます。
- お釣りは出ません。硬貨でのチャージもできません。
- 1日当たりのチャージ限度額は最大50万円です。

① **【ATM での操作】** セブン銀行 ATM の画面で、［スマートフォンでの取引］を押します。
② セブン銀行 ATM の画面に QR コードが表示されます。

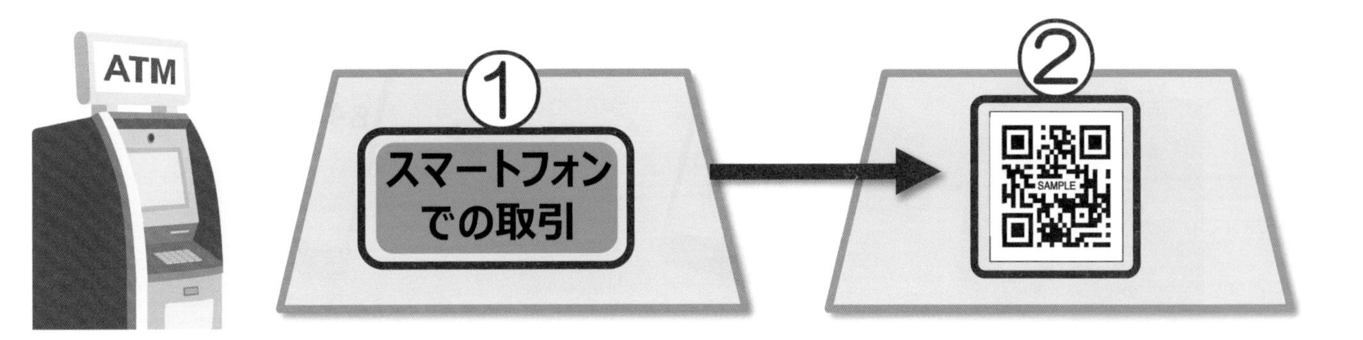

③ **【スマートフォンでの操作】** ［LINE Pay］の［チャージ］をタップします。
④ ［セブン銀行 ATM］をタップします。
⑤ チャージ方法の説明が表示されます。最後まで表示して確認し、［次へ］をタップします。
⑥ QR コードを読み取る画面になります。

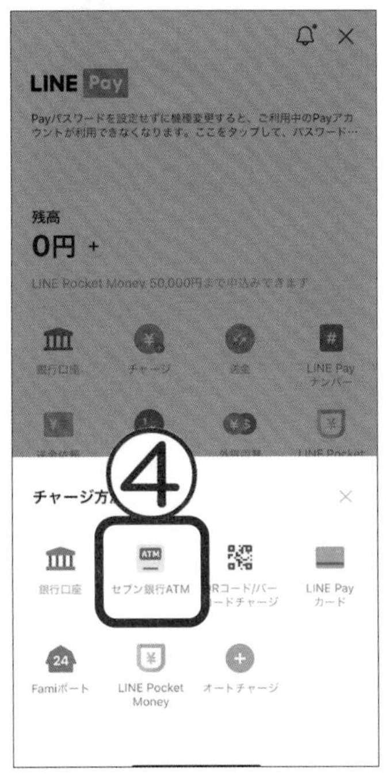

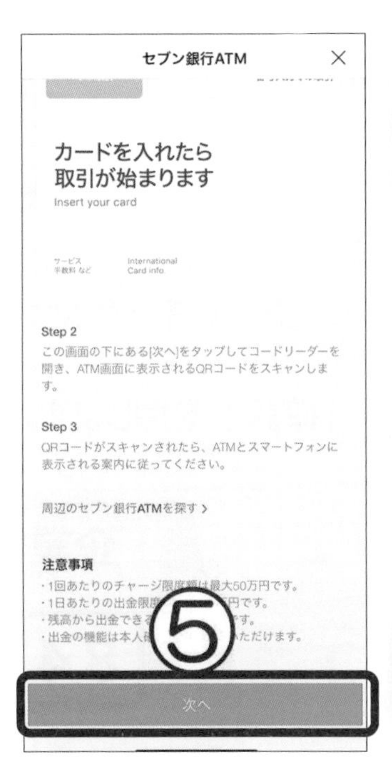

⑦ セブン銀行 ATM の画面に表示された QR コードにスマートフォンをかざします。QR コードを読み取ると、スマートフォンの画面に 4 桁の企業番号が表示されます。

⑧ **【ATM での操作】** セブン銀行 ATM の画面で、［次へ］を押します。

⑨ セブン銀行 ATM にある数字のキーを使って、スマートフォンに表示されている 4 桁の番号を入力します。
⑩ 番号を入力したら、［確認］を押します。

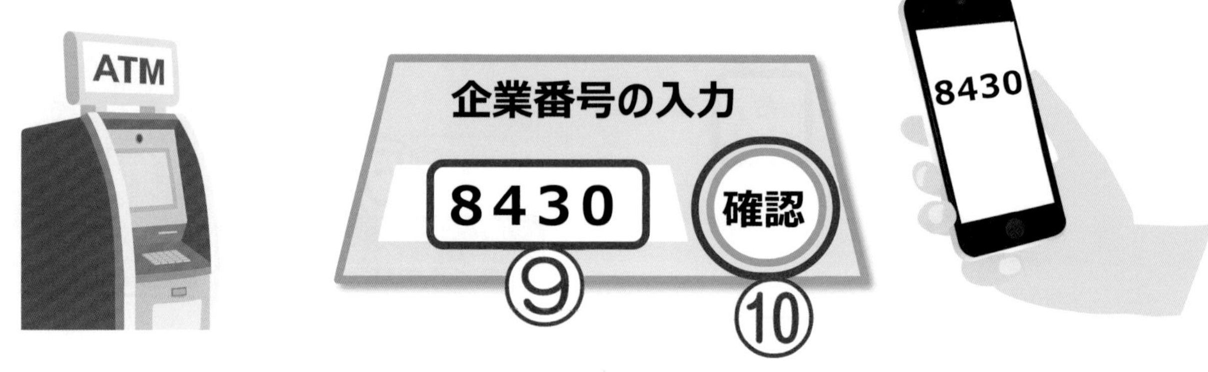

⑪ LINE Pay のサービス案内が表示されます。内容を確認して［確認］を押します。

⑫ セブン銀行 ATM の紙幣投入口が開きます。現金を投入すると蓋が自動的に閉まります。

⑬ セブン銀行 ATM の画面に投入した金額が表示されます。紙幣投入口の蓋が開くので、紙幣が残っていないこと、画面に表示された金額があっていることを確認して［確認］を押します。

⑭ 明細書に関して、［必要］［不要］のどちらかを押します。

⑮ しばらくすると、スマートフォンの LINE Pay の残高にチャージ金額が反映されます。

4 LINE Payでの支払い

LINE Payでの支払い方法は、自分のコード画面を見せるか、店舗のQRコードを自分で読み取るかの2種類あります。

■自分のコード画面を店舗側に読み取ってもらう場合

① [ウォレット]の [コード支払い]をタップします。
② 6桁のLINE Pay用のパスワードを入力（または顔認証、指紋認証）します。
③ 店舗のレジでLINEのコード画面を提示し、店舗に読み取ってもらいます。
コードが悪用されることを防ぐために、コードの有効期限は5分間となっています。

■店舗のQRコードを自分で読み取る場合

① [ウォレット]の [コードリーダー]をタップします。
② コードリーダーの画面になります。店舗のQRコードにスマートフォンをかざします。

③ 6 桁の LINE Pay 用のパスワードを入力（または顔認証、指紋認証）します。
④ 店舗名を確認します。
⑤ 金額を入力して［完了］をタップします。画面を店舗側に見せ、金額を確認してもらいます。
⑥ ［次へ］をタップします。

⑦ ［XXXX 円を支払う］をタップします。
⑧ 支払いが完了したら［確認］をタップします。

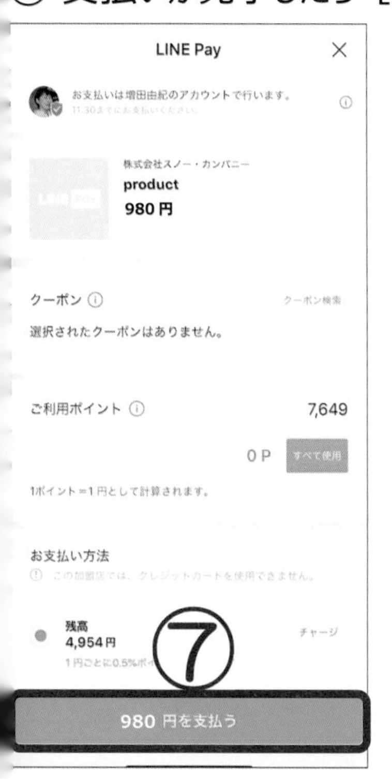

LINE Pay で支払うたびに、支払金額の 0.5～2％の LINE ポイントが付与されます。たまった LINE ポイントは、1 ポイント＝ 1 円相当として、LINE Pay での支払いに使用できます。

5 支払い履歴の確認

LINE Pay を使えば**支払いの履歴**が記録されます。「いつ」「どこで」「いくら」使ったのか、支払い履歴を見ればすぐに確認ができます。こまめに確認すれば、決済に問題がないかどうか、使い過ぎていないかなどのチェックができ、家計簿のように利用することもできます。
支払い履歴では、支払い日時、利用店舗、支払い金額、付与されたLINEポイントなどが確認できます。

① ［ウォレット］の金額をタップします。
② 6 桁の LINE Pay 用のパスワードを入力（または顔認証、指紋認証）します。
③ ［お支払い履歴］をタップします。
④ 支払い履歴が表示されます。

LINE Pay でいくら使ったかは、支払い履歴に表示されます。［過去１ケ月］をタップすると、［過去１ケ月］［過去３ケ月］［期間選択］の中から、支払い履歴見たい期間を選ぶことができます。

6 LINE Payでの本人確認

LINE Pay は、**本人確認**をしておくと、LINE の友だちへの送金や銀行口座への出金などの機能が使えるようになり、より利用する用途が広がります。本人確認には身分証の送付などの操作が伴いますが、すべてスマートフォンから手続きをすることができます。
LINE Pay には不正利用を防ぐための対策が講じられていて、第三者による不正行為によって発生した損害を補償する制度を導入しています。また、LINE Pay に登録した個人情報、銀行口座情報、クレジットカード情報はすべて暗号化されていて、支払先の店舗にも送金先の友だちにも情報が渡らないようになっています。
普段持ち歩く財布と同じように、またそれ以上に LINE Pay の機能をすべて使ってみたい場合は、本人確認を済ませておきましょう。本人確認には次の方法があります。

- スマートフォンでのかんたん本人確認
- 銀行口座での本人確認
- 郵送での本人確認

ここでは、**「スマホでかんたん本人確認」**の手順と注意点について説明します。
まず、手元に写真付きの身分証（運転免許証、運転経歴証明書、日本国政府発行のパスポート、マイナンバーカード、在留カード、特別永住者証明書など）を用意しておきます。

① ［ウォレット］の［送金］をタップします。
② ［この機能は本人確認後にご利用になれます］と表示されます。［確認］をタップします。
③ ［スマホでかんたん本人確認］をタップします。

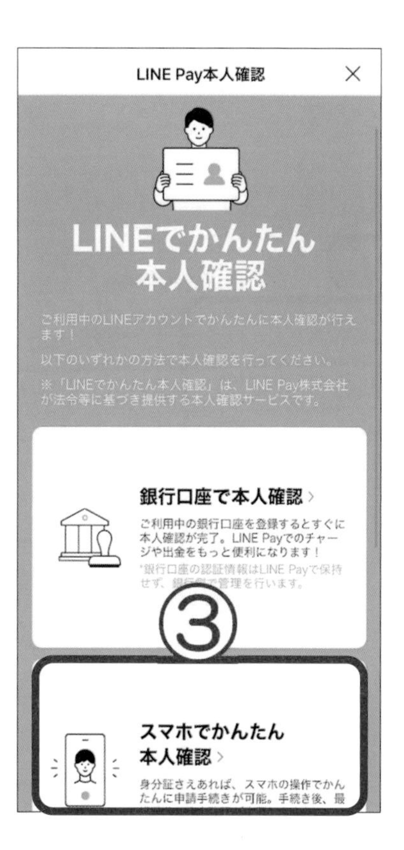

④ ［LINE Pay 利用規約］の画面を上に動かし、説明を読んだら［同意します］をタップします。
⑤ 本人確認の説明が表示されます。画面を左へ動かして説明を読みます。
⑥ ［本人確認開始］をタップします。

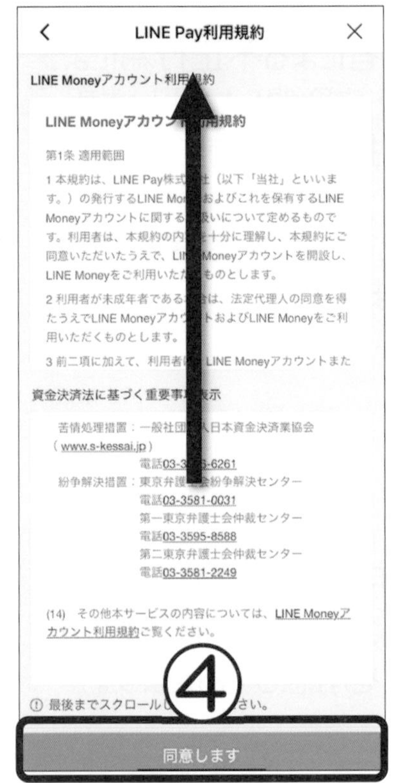

⑦ 住所などを入力します。用意した身分証と同一の表記で入力します。
郵便番号を入力して［検索］をタップすると、地名が表示されます。
⑧ 必要項目の入力が終了したら、［確認］をタップします。

⑨ 確認のメッセージが表示されます。［確認］をタップします。
⑩ 本人確認に必要な身分証が表示されます。用意しているものをタップします。ここでは運転免許証をタップしています。
⑪ ［撮影］をタップします。

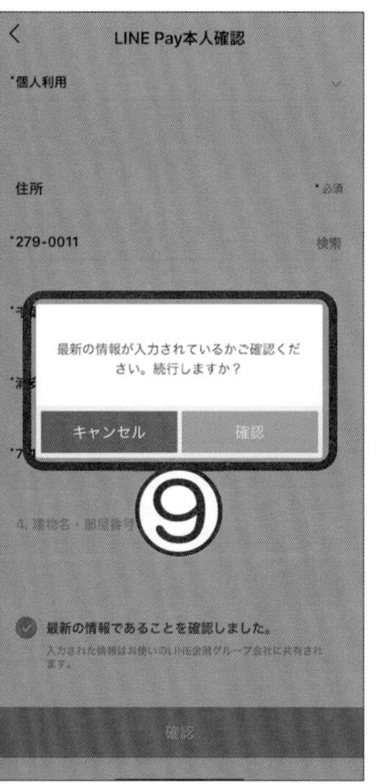

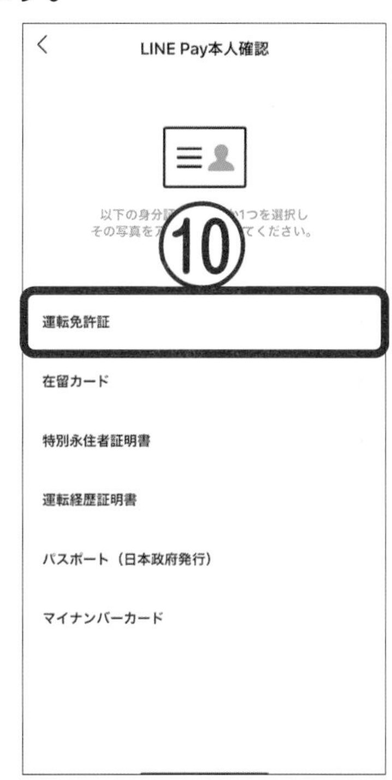

⑫ カメラの画面になります。シャッターをタップして運転免許証の表面を撮影します。続けて、運転免許証の裏面も撮影します。
⑬ 次に、緑の枠内に顔が収まるようにしてスマートフォンを持ちます。画面の指示（例：右を向く、左を向く、右目を閉じるなど）に従って動きます。
⑭ 緑の枠内に顔が収まるようにスマートフォンを持ちます。身分証の顔写真の面を表にして、スマートフォンのカメラに自分と同時に収まります。

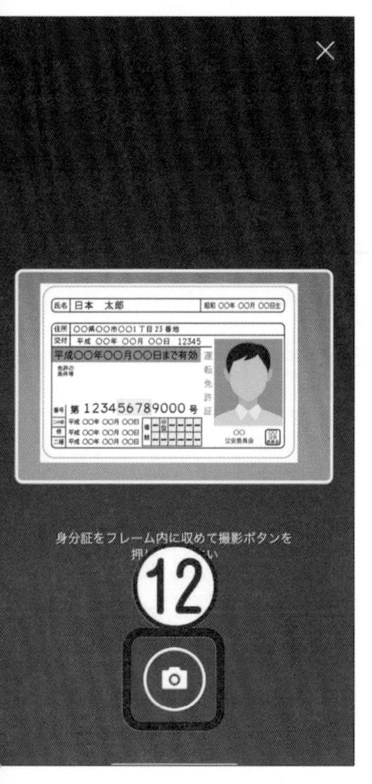

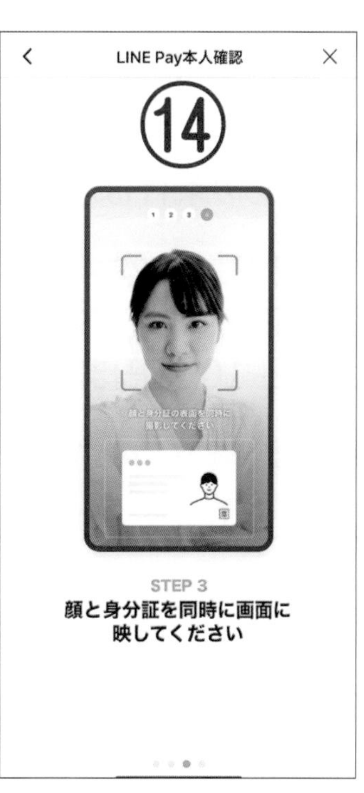

⑮ 緑の枠内に顔が収まるようにスマートフォンを持ち、身分証の側面や厚みが映るように身分証をゆっくり傾けて撮影します。うまく認識されない時は再撮影ができます。撮影が終了すれば、申請が完了します。
身分証がきちんと撮影できていれば、数分から数時間、タイミングによっては数日程度で本人確認が終了します。

身分証と自分の顔を一緒の画面に収めるのに、少しコツがいるかもしれません。
また、身分証の側面や厚みを撮影する時は、画面にしっかりと身分証の厚みが映るよう、ゆっくりと操作しましょう。
撮影は何度でもやり直せるので、落ち着いて作業をすすめましょう。

7 LINE Pay での送金

本人確認が済んでいれば、LINE の**友だちに送金**することができます。送金の手数料はかかりません。また、受け取る側は本人確認が済んでいなくてもかまいません。
LINE Pay で送金した場合、相手が特に手続きをする必要もありません。相手の LINE のウォレットに自動的に追加されます。
LINE Pay で送金するための条件は次の通りです。

- 送金する側は、LINE Pay で本人確認を済ませている必要があります。
- 送金したい相手は LINE の友だちとして追加されている必要があります。
- 送金の上限額は 1 日 10 万円までです（設定すれば 100 万円まで引き上げ可能）。

■LINE の友だちに送金する場合

① ［ウォレット］の［送金］をタップします。
② 6 桁の LINE Pay 用のパスワードを入力（または顔認証、指紋認証）します。
③ 送金したい友だちをタップし、を表示します。［選択］をタップします。
④ 送金したい金額を入力して、［完了］をタップします。
⑤ ［次へ］をタップします。

⑥ 送金する時にメッセージを入力したり、テンプレートや写真を選択したりできます。［送金・送付］をタップします。
⑦ パスワードを入力（または顔認証、指紋認証）します。
⑧ 確認のメッセージが表示されます。［確認］をタップします。
⑨ 送金した相手とのトークルームに通知が届きます。

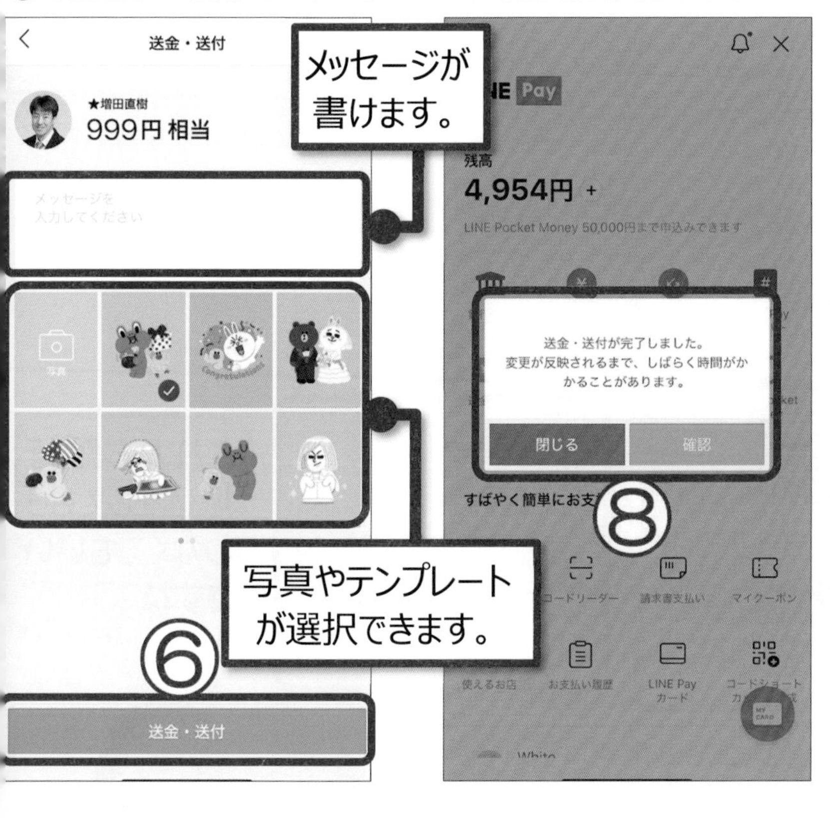

■LINEの友だちから送金があった場合

送金を受け取るための特別な操作は必要ありません。スマートフォンの画面がロック中だった場合は通知が表示されます。また、送金のお知らせは友だちとのトークルームに表示されます。

① ロック中の画面には、送金通知が届きます。
② 友だちとのトークルームにも、送金通知が届きます。
③ [ウォレット] をタップすると、LINE Pay の残高が増えていることを確認します。金額をタップします。

④ LINE Pay の画面を上に動かします。
⑤ [残高履歴] をタップします。
⑥ 残高の履歴が確認できます。

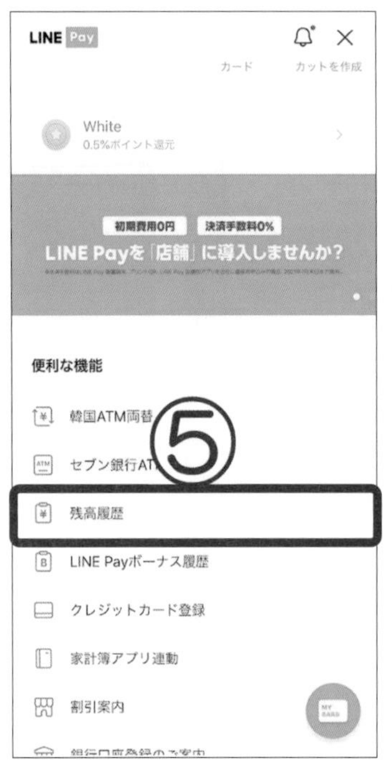

これなら銀行振込をしてもらわなくてもいいですね。

第 8 章

いろいろな LINE のサービスを利用しよう

レッスン 1　写真を編集して送る

LINE には写真を送る時に簡単に加工できるメニューがあります。自分の持っている LINE のスタンプを写真に押したり、手書きで文字などを描き込んだりできます。
また、自撮り写真を楽しい変身写真として送ることもできます。ぜひ楽しんでみましょう。

1　写真にスタンプを押して送る

LINE のトークルームで使っているスタンプは、送る写真の上に押すこともできます。写真にスタンプを押して送ってみましょう。

① 写真を送る相手のトークルームを表示し、［カメラ］をタップします。
② 写真を撮ります。
③ をタップすると、外側カメラと内側カメラを切り替えることができます。
④ 右側の小さな画像をタップすると、撮影済みの写真が選択できます。
⑤ 送る写真を決めたら ［スタンプ］をタップします。

⑥ トークルームで使っていたスタンプが表示されます。画面を左右に動かし、写真の上に押したいスタンプを選択します。［絵文字］を押すこともできます。
⑦ 写真の上にスタンプが表示されます。スタンプは指で動かしたり、広げて大きくできます。
⑧ スタンプを削除したい時は、指で押しながら下へ動かし、ゴミ箱の上で指を離します。

⑨ スタンプや絵文字を押して写真を加工します。
⑩ ［送信］をタップすると、加工した写真が送られます。
⑪ 送信せずに［保存］をタップすると、加工した写真がスマートフォン本体に保存されます。
保存しておいて、あとでゆっくり送ることもできます。

2 写真に文字や手書きを入れて送る

写真を送る時に文字や手書きを入れることができます。

① 写真を送る相手のトークルームを表示し、［カメラ］をタップします。
② 写真を撮ります。
③ をタップすると、外側カメラと内側カメラを切り替えることができます。
④ 右側の小さな画像をタップすると、撮影済みの写真が選択できます。
⑤ 送る写真を決めたら、をタップします。

⑥ 文字を入力します。
⑦ 文字色を左右に動かし、好きな色を選択します。
⑧ 色を選択したら、［×］をタップします。

⑨ をタップするたびに、文字の書式が変わります。
⑩ 左にある○を上下に動かすと、文字の大きさが変わります。
⑪ 編集が終わったら、［完了］をタップします。文字は指で動かしたり、広げたりできます。
⑫ をタップします。

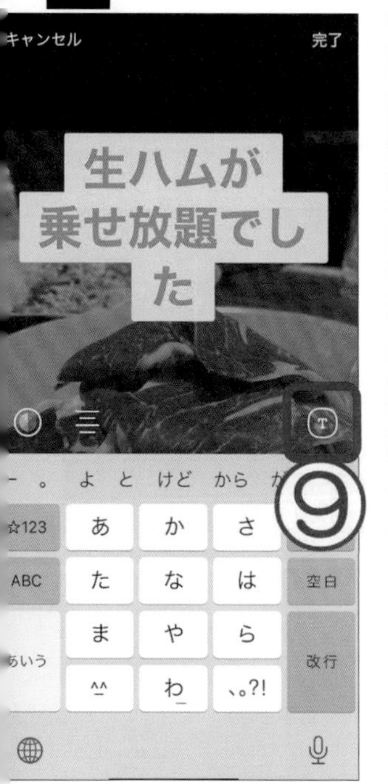

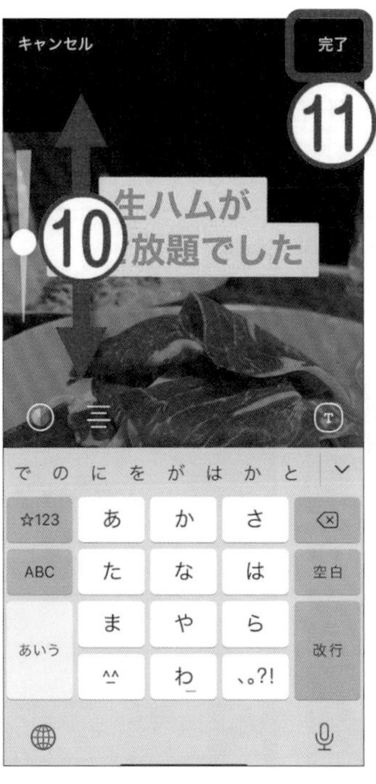

⑬ 左にある○を上下に動かすと、ペンの太さが変わります。
⑭ 文字色を左右に動かし、好きな色を選択します。
⑮ 指で写真の上に絵や文字を書くことができます。 をタップすると、元に戻せます。
⑯ ［完了］をタップします。

⑰ ［送信］をタップすると、加工した写真が送られます。

⑱ 送信せずに ［保存］をタップすると、加工した写真がスマートフォン本体に保存されます。

3 自撮りの変身写真を送る

LINE のカメラを使えば簡単に変身写真が送れます。自撮り写真を楽しく加工してみましょう。

① 写真を送る相手のトークルームを表示し、[カメラ] をタップします。

② をタップします。

③ 外側カメラの場合は、をタップして内側カメラに切り替えます。

④ タップして、いろいろな種類の変身写真を試すことができます。

⑤ 気に入ったものを見つけたら、シャッターをタップします。

⑥ [送信] をタップすると、加工した写真が送られます。

⑦ 送信せずに [保存] をタップすると、加工した写真がスマートフォン本体に保存されます。

レッスン 2　LINE ギフトでプレゼントを贈る

LINE で友だちになっていれば、相手の住所を知らなくても**ギフトを贈る**ことができます。コーヒー 1 杯から生活雑貨、食品やお酒、スイーツに商品カタログなど、さまざまな商品などが用意されています。友だちへのちょっとしたお礼にしたり、LINE の誕生日メッセージや励ましのメッセージとともにギフトを贈ったりと、手軽に利用してみるのはいかがでしょうか。
LINE ギフトにはお店で受け取るギフトや提示して使用するクーポン券のほか、贈られた相手が住所を指定して、自宅で受け取れるギフトなどがあります。

1　LINE ギフトを贈る

INE から LINE ギフトを開き、相手に送るギフトを選びましょう。相手を選び間違えないように、フトを贈りたい相手とのトークルームを表示してから、ギフトを選ぶようにするとよいでしょう。

① ギフトを贈りたい相手のトークルームを表示し、［＋］をタップします。
② 🎁［LINE ギフト］をタップします。
③ 説明の画面が表示されます。画面を左に動かして説明を読んだら、［スキップ］をタップします。

④ ［LINE GIFT］の画面が表示されます。画面を上下に動かして、商品などを閲覧します。
⑤ 贈りたいギフトを選択したらタップします。
⑥ ［友だちにギフト］をタップします。

⑦ 利用規約に同意の画面が表示されます。画面を確認し、タップしてチェックを表示したら、［はじめる］をタップします。この操作をすれば、次回からはこの画面は表示されません。
⑧ ギフトを贈る相手の名前を確認します。

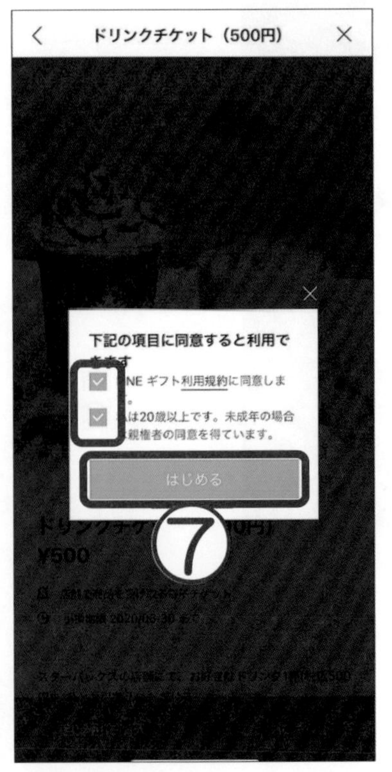

2 LINE ギフトを LINE Pay で支払う

INE から LINE ギフトを開き、相手に贈るギフトを選択したら支払いをします。ギフトの支払方法は、［LINE Pay 決済］［ドコモ払い］［au かんたん決済］［ソフトバンクまとめて払い］［クレジットカード払い］などがありますが、ここでは **LINE Pay で支払う方法**を説明します。

① ［支払方法］をタップします。
② ［LINE Pay 決済］をタップします。
③ ［確認］が表示されたら、［OK］をタップします。
④ 贈るギフトの種類、贈る相手の名前、支払方法を確認し、［購入内容確定］をタップします。
⑤ ［XXXX 円を支払う］をタップします。

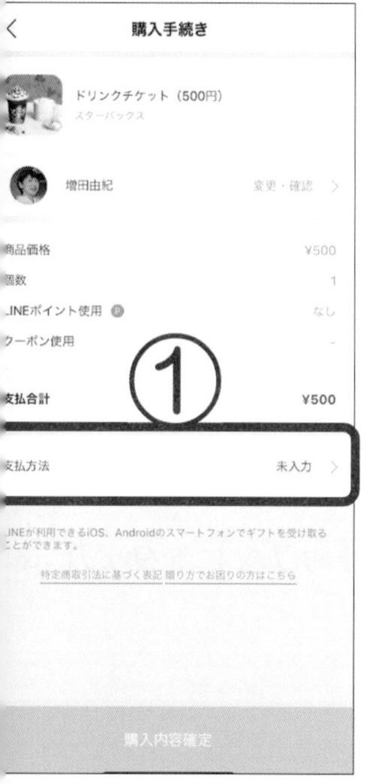

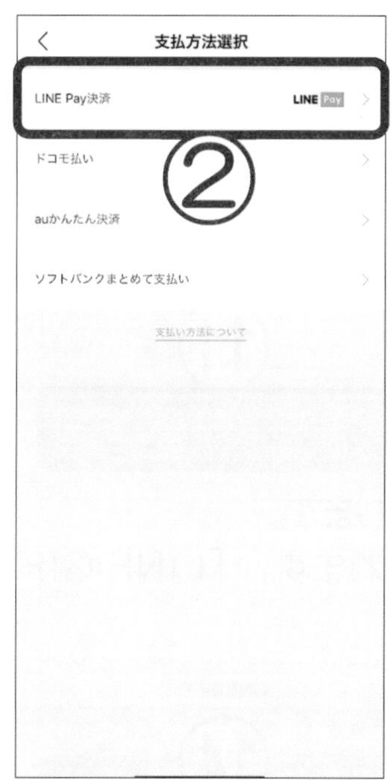

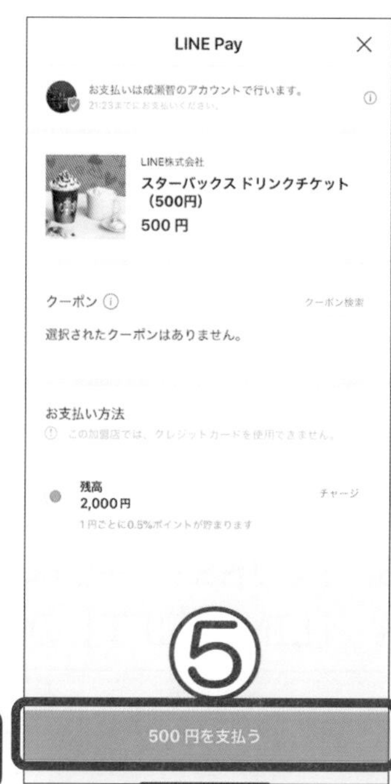

⑥ 6 桁の LINE Pay 用のパスワードを入力（または顔認証、指紋認証）します。
⑦ ［決済］をタップします。
⑧ ［メッセージイメージ］の画面が表示されます。［×］をタップします。

⑨ ［カードを選択］の画面が表示されます。画面を左右に動かし、相手に贈るカードをタップします。
⑩ ［タップするとメッセージを入力できます］をタップします。200 文字以内でメッセージを入力して、［完了］をタップします。
⑪ ［ギフトメッセージを確定］をタップします。

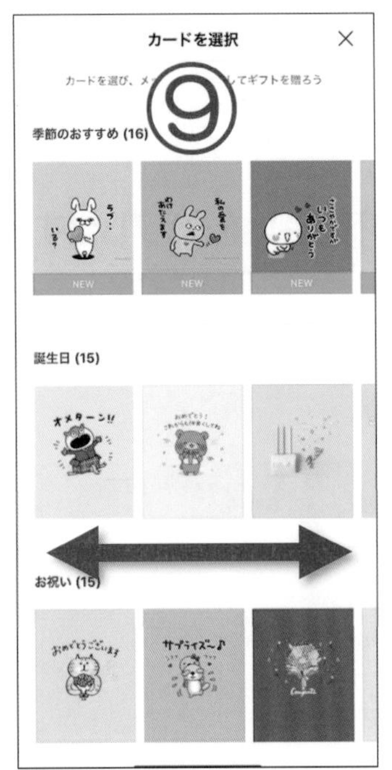

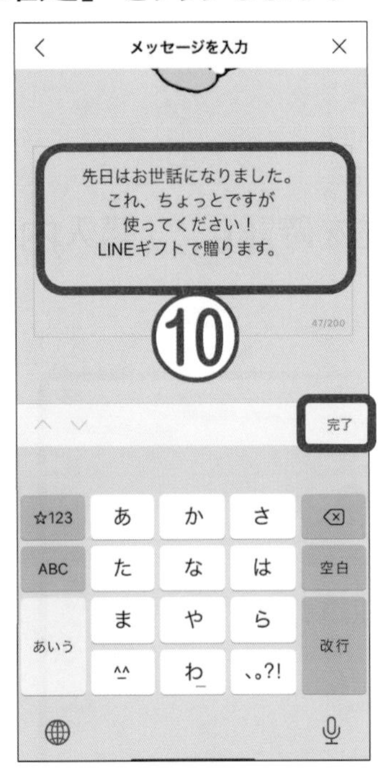

⑫ 贈る相手を確認して、［ギフトを贈る］をタップします。
⑬ ［ギフトメッセージ送信完了］の画面が表示されます。［LINE GIFT トップへ］をタップします。
⑭ ［LINE GIFT］の画面が表示されます。

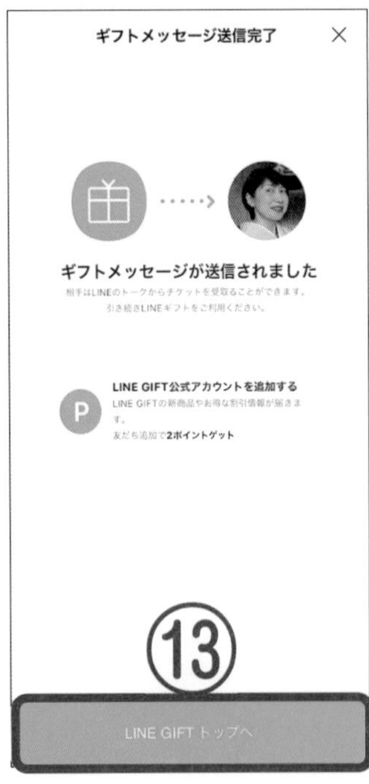

3 LINE ギフトの受け取り

ギフトが贈られた相手には、LINE ギフトからメッセージが届きます。タップして受け取り店舗などで商品と引き換えたりします。なお、自宅で受け取るタイプのギフトの場合は、住所などを自分で入力します。ここでは、ドリンクチケットを受け取って、店舗で引き換える方法について説明します。

① LINE ギフトを受け取ると、通知が届きます。
② トークルームにはメッセージが届きます。［LINE ギフトを受け取る］をタップします。
③ チケット内容が表示されます。

④ 画面を上に動かすと有効期限が表示されます。
⑤ 有効期限内にお店に行き、支払い時にスマートフォンの画面のバーコードを表示し、商品と引き換えます。

レッスン 3　LINE Keep の利用

LINE の友だちが増え、やり取りも多くなってくると、覚えておきたい情報がどこにあったかわからなくなってしまうことがあります。**LINE Keep（キープ）**を使えば、トークルームの多くのやり取りの中から、残しておきたい写真や動画などを、別に保存しておくことができます。
LINE Keep は、写真や動画、トークでのメッセージ、ボイスメッセージなどを自分だけのために保存しておくことができる機能です。LINE Keep の保存場所は、スマートフォン本体ではなく、インターネット上の自分専用の保管スペースになります。
ノート（P101 参照）はグループの参加者同士の掲示板ですが、LINE Keep は**自分専用の保存場所**として使い分けることができます。

1 LINE Keep への写真の保存

トークルームでやり取りした写真を、LINE Keep に保存してみましょう。
LINE Keep には、合計 **1GB（ギガバイト）までのデータを保存**できます。保存は無期限ですが、例えば動画などの容量が **50MB（メガバイト）を超える場合**、**保存期間は 30 日間**に制限されます。動画など容量の大きいファイルを LINE Keep に保存する場合は、注意が必要です。

① トークルームを表示し、LINE Keep に保存したい写真を長押しして［Keep］（**Android** は［Keep に保存］）をタップします。
② 写真に ✓ が表示されます。
③ ほかにも LINE Keep に保存したい写真があれば、タップして ✓ を表示します。
④ ［保存］（**Android** は［Keep］）をタップします。

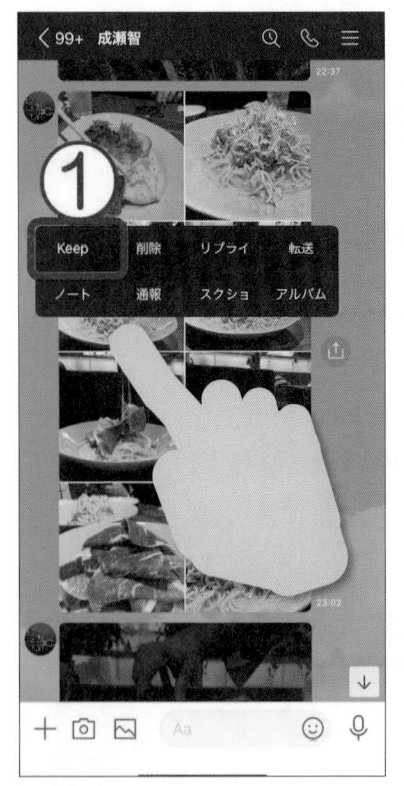

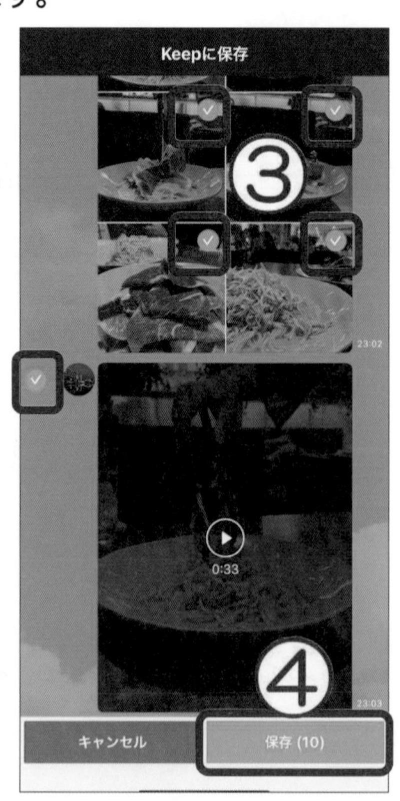

2 LINE Keep に保存した写真の確認

INE Keep に保存した写真を確認してみましょう。

① [ホーム] をタップします。
② 自分の名前の横にある [Keep] をタップします。
③ LINE Keep に保存したものが、[すべて] [写真・動画] [リンク] [メモ] [ファイル] と種類別に分類されて表示されます。
④ [写真・動画] をタップします。LINE Keep に保存した写真や動画が表示されます。

3 LINE Keep に保存した写真のスマートフォン本体への保存

INE Keep の保存場所は、スマートフォン本体ではなく、インターネット上の自分専用の保管スペースです。LINE Keep に保存した写真などのデータを、スマートフォン本体にも保存することができます。

① LINE Keep の写真をタップして大きく表示します。
② をタップします。写真がスマートフォン本体に保存されます。

4 LINE Keepに保存した写真の削除

LINE Keep には、合計 1GB（ギガバイト）までのデータを保存できます。保存期限は無制限ですが、保存容量には限りがあるので、必要なくなったものは削除しておきましょう。

① LINE Keep に保存されている写真をタップして大きく表示します。
② [ゴミ箱アイコン] をタップします。
③ まとめて削除したい時は、写真が一覧で表示されている状態で、写真を 1 つ長押しします。
④ 長押しした写真に [チェックアイコン] が表示されたら、ほかの写真をタップして複数選択します。
⑤ ゴミ箱をタップします。
⑥ 確認のメッセージが表示されます。［削除］をタップします。

●●本書のチェックリスト●●

LINE でできることは本書の中でたくさん紹介しました。そこで本書の中からピックアップして、設問を用意しました。次の設問を読み、LINE でできることや設定などを確認してみましょう。ぜひこのチェックリストを、本書の内容の理解に役立ててください。

1 LINE を使い始める前の設定

項目	チェック	参照
① メールアドレスは登録されていますか？		P20
② パスワードを控えてありますか？		P22
③ ［ログイン許可］の設定は［オフ］になっていますか？		P21
④ ［友だち自動追加］［友だちへの追加を許可］は、オンとオフの違いがわかりますか。またそのように設定がしてありますか？		P16

2 友だちについて

項目	チェック	参照
① LINE に友だちを追加する方法はいくつありましたか？		P26
② 自分の QR コードを表示できますか？		P33
③ LINE の友だちの名前が編集できますか？		P35
④ 友だちの一覧と、トークの一覧の違いがわかりますか？		P37
⑤ 友だちの「非表示」と「ブロック」の違いがわかりますか？		P51
⑥ 友だちを「ブロック」できますか？		P52
⑦ ブロックした友だちを「ブロック解除」できますか？		P54

⑧ 公式アカウント（店舗や企業などの一覧）を友だち登録できますか？		P104
⑨ 公式アカウントを「ブロック」できますか？		P106

3 トークについて

項目	チェック	参照
① 友だちを選んでからやり取りできますか？		P38
② トークを選んでからやり取りできますか？		P40
③ 友だちにスタンプや絵文字を送ることはできますか？		P42
④ 友だちと無料通話をすることはできますか？		P46
⑤ 友だちとビデオ通話をすることはできますか？		P49
⑥ 友だちに今自分がいる位置を送ることはできますか？		P67
⑦ 友だちにボイスメッセージを送ることはできますか？		P68
⑧ トークの中で常に上に表示しておきたいものを「固定」（ピン留め）できますか？		P41

4 トークで送る写真や動画について

項目	チェック	参照
① 写真を圧縮せずに、オリジナル画質で送る方法がわかりますか？		P57
② 動画が送れますか？　また何分までの動画なら送れますか？		P58
③ 友だちから送られた写真や動画を、別の人に転送することができますか？		P60
④ 友だちから送られた写真や動画を、スマートフォン本体に保存することができますか？		P61

⑤ トークルームに写真をたくさん送りたい時、「アルバム」を作って送ることができますか？		P62
⑥ １つのアルバムには写真が何枚保存できますか？		P62
⑦ 送られてきたアルバムに、自分の写真が追加できますか？		P65
⑧ 送られてきたアルバムのすべての写真を一度に保存できますか？		P66
⑨ 写真にスタンプを押して送ることができますか？		P142
⑩ 写真に文字や手書きを入れて送ることができますか？		P144
⑪ LINE Keep に写真が保存できますか？		P152

5 スタンプについて

項目	チェック	参照
① トークルームからスタンプショップが見られますか？		P70
② LINE の［ホーム］からスタンプショップが見られますか？		P71
③ 無料スタンプが入手できますか？		P72
④ 友だちが送ってきたスタンプを、スタンプショップで見つける方法がわかりますか？		P74
⑤ 有料スタンプの買い方がわかりますか？		P76
⑥ 友だちにスタンプがプレゼントできますか？		P87
⑦ 有効期間の切れたスタンプを削除することができますか？		P88

6 グループトークについて

項目	チェック	参照
① グループを作ることができますか？		P91
② 複数人でトークをすることができますか？		P99
③ グループと複数人トークの違いがわかりますか？		P91
④ グループに友だちを追加することができますか？		P94
⑤ グループトークの画面から、グループの中の 1 人とトークできますか？		P96
⑥ 自分ひとりだけのグループを作ることができますか？		P97
⑦ 複数人トークをグループにすることができますか？		P100
⑧ グループの中でノートを作ることができますか？		P101
⑨ ノートと Keep の違いがわかりますか？		P152

7 設定について

項目	チェック	参照
① LINE の［設定］のメニューが表示できますか？		P19
② 自分のプロフィール写真が変更できますか？		P23
③ LINE のバージョンを確かめられますか？		P19
④ トークルームの背景が変更できますか？		P107
⑤ トークルームの文字サイズが変更できますか？		P109
⑥ トークの履歴がバックアップ（保存）できますか？		P116

LINE は今やなくてはならない交流ツール

本書では LINE でできることをあれこれとご紹介しました。LINE の講座をやっていると、
「LINE をやりたいので、ガラケーからスマートフォンにした」
「家族から LINE をやってと言われたので、スマートフォンにした」と、スマートフォンにするきっかけが LINE だったという方がとても多いことを感じます。
また、「LINE にしてくれたら写真が送りやすい、と息子夫婦に言われた」
「緊急時用に家族 LINE を作るから、LINE を入れておいてほしい」
「LINE なら**無料電話**ができるから、これからは LINE でやり取りしたい」と、相手にすすめられたことで LINE をはじめる方もとても多いです。
LINE には、**文字で送るメッセージ**、**絵柄が大きく表現力が豊かなスタンプ**が用意されています。メールにはない豊富なスタンプも人気の理由です。
メールを送っていた時代には、「もしかして送り間違えたのかな？」「相手は見てくれているのかな？」と、返事が来ないといろいろと考えてしまいます。
LINE には**既読**という仕組みがあり、送ったメッセージを相手が見てくれたことがわかるように工夫されています。普段の生活の中ではあまり気にしなくても、この「既読」という文字は、**災害時には大変心強い 2 文字**になります。
写真や動画など、誰かに見せてあげたいものがあったらすぐに送れるのが LINE のいいところ。
アルバムを使えばたくさんの写真を一度に送ることもできます。メールに写真を添付して送る、という操作が覚えられなかったシニア世代の方でも、LINE なら楽々写真をやり取りされています。
「LINE をはじめると、電話をしなくなる」という方も多いです。日常の会話は、LINE の無料通話で用が足りてしまいます。遠くに離れていても、LINE の**ビデオ通話**で顔を見ながらしゃべれるも魅力です。これがすべて無料というところがまたいいですね。

手軽に連絡が取りあえる

LINE には**お財布機能**もあり、日々の買い物で使えるほか、相手への送金も無料でできます。
LINE ひとつで、個人でもグループでも交流が楽しめる、買い物もできる、友だちにお金を送ることもできるのです。スマートフォンにはなくてはならないアプリです。
この LINE、日頃から楽しく使いこなしていただき、使い慣れておいてください。家族や友だちとグループを作っておけば、それがいざという時に**大切な人とのホットライン**になります。
もっと LINE のことを知りたいという方は、筆者の教室も理事教室を務めている**「一般社団法人パソコープ」**の加盟教室や、筆者の教室**「パソコムプラザ」**でも、講座を行っています。
ご興味のある方はぜひ、本書の最後のページに記載されているホームページからお気軽にお問い合わせください。
いつどこにいても、気軽に連絡が取りあえる LINE、ぜひ楽しく使ってくださいね！

2020 年 3 月吉日　筆者より

索 引

英字

あ

か

さ

た

な

は

ま

や

著者紹介

増田 由紀（ますだ ゆき）

2000 年に千葉県浦安市で、ミセス・シニア・初心者のためのパソコン教室「パソコムプラザ」を開校。2020 年 10 月にオンラインスクールに移行。現役講師として講座の企画から教材作成、テキスト執筆などを行っている。
2007 年 2 月、地域密着型のパソコン教室を経営する 6 教室で「一般社団法人パソコープ」を設立し、現在はテキスト・教材開発を担当している。
「パソコムプラザ」では「"知る"を楽しむ」をコンセプトに、ミセス・シニア・初心者の方々にスマートフォン、iPad、パソコンの講座を行っている。受講生には 70～80 代の方々も多い。シニア世代のスマートフォンの利活用に特に力を入れている。日本橋三越、新宿伊勢丹、京王百貨店、日本橋高島屋、椿山荘、ホテルニューオータニ、クラブツーリズム、JTB などでも講座を担当。また、「いちばんやさしい 60 代からの」シリーズ（日経 BP）や新聞・雑誌への多数の執筆活動も行っている。

- 教室ホームページ　https://pasocom.net/
- 著者ブログ「グーなキモチ」　https://masudayuki.com/

■協力
- ヤマトホールディングス株式会社 「NEW! クロネコ・シロネコスタンプ」（第 4 章）
  ©YAMATO HOLDINGS・DENTSU・Chiharu Sakazaki
- パソコムプラザスタッフ一同

■本書についての最新情報、訂正、重要なお知らせについては下記 Web ページを開き、書名もしくは ISBN で検索してください。
https://project.nikkeibp.co.jp/bnt/

■本書に掲載した内容についてのお問い合わせは、下記 Web ページのお問い合わせフォームからお送りください。電話およびファクシミリによるご質問には一切応じておりません。なお、本書の範囲を超えるご質問にはお答えできませんので、あらかじめご了承ください。ご質問の内容によっては、回答に日数を要する場合があります。
https://nkbp.jp/booksQA

いちばんやさしい 60 代からの LINE　第 2 版

2016 年 6 月 27 日　初版第 1 刷発行
2020 年 4 月 27 日　第 2 版第 1 刷発行
2022 年 3 月 2 日　第 2 版第 4 刷発行

著　　者　増田 由紀
発 行 者　村上 広樹
発　　行　日経 BP
東京都港区虎ノ門 4-3-12　〒105-8308
発　　売　日経 BP マーケティング
東京都港区虎ノ門 4-3-12　〒105-8308
ＤＴＰ制作　株式会社スノー・カンパニー
カバーデザイン　大貫 修弘（株式会社マップス）
印　　刷　大日本印刷株式会社

ISBN978-4-8222-8637-8　Printed in Japan